异步图书
www.epubit.com

GeoMesa
Spatiotemporal Data Management

刘钧文　梁超　俞自生　著

GeoMesa
时空数据管理

人民邮电出版社

北　京

图书在版编目（CIP）数据

GeoMesa时空数据管理 / 刘钧文，梁超，俞自生著
. -- 北京 : 人民邮电出版社，2023.6
ISBN 978-7-115-60983-0

Ⅰ. ①G… Ⅱ. ①刘… ②梁… ③俞… Ⅲ. ①空间信
息技术—研究 Ⅳ. ①P208

中国国家版本馆CIP数据核字(2023)第012686号

内 容 提 要

这是一本专门为智慧城市开发和管理人员打造的 GeoMesa 学习图书。本书的重点不仅包括宏观的行业环境，还包括对 GeoMesa 内部原理的剖析，力图帮助读者搭建 GeoMesa 以及时空数据高效管理的完整知识体系和技能树。

本书首先从 GeoMesa 的历史及上手教程入手。然后，为了加强读者对入门代码中内容的理解，本书对 GeoTools 的基本概念进行介绍。接着，为了进一步引导读者对时空数据管理建立认知，本书详细阐述 GeoMesa 核心的时空索引。除了理论方面的介绍，本书还介绍 GeoMesa 数据写入、数据查询、数据统计、数据分析、数据工作流以及数据存储方案的使用方法和原理，以及 GeoMesa 对分布式计算的扩展。最后，作者针对实际操作时遇到的典型问题，给出详细的解决方案。

本书适合时空数据管理和开发人员、智慧城市相关领域的学习者使用，同时也可以作为时空数据项目的管理人员的参考用书。

◆ 著　　　刘钧文　梁　超　俞自生
　　责任编辑　郭　媛
　　责任印制　王　郁　焦志炜

◆ 人民邮电出版社出版发行　　北京市丰台区成寿寺路 11 号
　　邮编　100164　　电子邮件　315@ptpress.com.cn
　　网址　https://www.ptpress.com.cn
　　固安县铭成印刷有限公司印刷

◆ 开本：800×1000　1/16
　　印张：15.75　　　　　　　　　　2023 年 6 月第 1 版
　　字数：321 千字　　　　　　　　2023 年 6 月河北第 1 次印刷

定价：79.90 元

读者服务热线：(010)81055410　印装质量热线：(010)81055316
反盗版热线：(010)81055315
广告经营许可证：京东市监广登字 20170147 号

推荐词

随着智慧城市建设的不断深入，我们对时空数据的管理需求也与日俱增，其中包含对轨迹、路网等多种时空数据的高效查询和管理。GeoMesa 这一开源时空数据组件非常好地解决了这一问题。这本书作者——3 位年轻的跨界学者，从数据查询、数据写入、数据管理、数据分析等多个方面对 GeoMesa 进行了深入的解析，非常值得时空数据方面的从业者深入了解和学习。

——刘德明，哈尔滨工业大学教授、博士生导师，中国一级注册建筑师

随着数字中国战略的不断推进，城市和建筑领域的数字化转型迫在眉睫。在智慧城市的建设中，我们对时空数据管理的需求也提升到更高的维度，作为开源项目的 GeoMesa 能够很好地解决城市和建筑中海量时空数据的查询、分析和管理问题。这本书作为国内第一本系统介绍 GeoMesa 的技术类图书，相信可以帮助智慧城市领域的从业人员，同样也可以极大地推动国内时空数据开源生态的发展。

——李存东，中国建筑学会秘书长，中国建筑标准设计研究院有限公司董事长，全国工程勘察设计大师

前 言

随着信息技术行业的发展，行业内应用需要处理的数据量也呈指数级上升。在以时空数据为核心的智慧城市领域，同样面临要管理和分析海量数据的问题。因此如何使用有限的服务器资源，管理和分析大量时空数据就成为当前智慧城市领域一个比较重要的课题，GeoMesa 就是众多时空数据管理方案中的佼佼者。

GeoMesa 初体验

笔者初次接触 GeoMesa 还是在京东智能城市研究院郑宇博士的团队中，当时需要解决的是管理海量时空数据的问题，主要调研的是 3 条技术路线。

第一条是将时空索引存放在 Elasticsearch 中，将时空数据存放在 HBase 中，这样的技术路线是很多团队使用过的。不过它的问题主要是这两个组件其实对空间数据模型都支持得不完善，只能支持部分简单空间数据。而往往在具体应用中，复杂空间数据被使用的频率非常高。

第二条是利用 PostGIS 的分布式解决方案，例如 Greenplum 等。这个方案的好处是可以利用 PostgreSQL 现有的生态。但是劣势也是比较明显的，由于 PostGIS 是使用 C++开发的，因此想要做一些定制化开发，团队需要有一些成熟的 C++工程师，而且开发周期比较长，从团队运营成本上来说是不划算的。

第三条是利用 GeoMesa 来管理时空数据。GeoMesa 是利用 Scala 语言实现的，兼容 Java 生态，因此从团队的运营上来说，可以更快地做一些定制化开发。另外，GeoMesa 完全支持 GIS（Geographical Information System，地理信息系统）规范，因此对接 GIS 生态是很容易的。

最终我们决定以 GeoMesa 为基底来扩展我们的整个系统，并进一步在 GIS 行业数据标准的基础之上，对接更多的生态组件。

为什么写这本书

经过这几年对 GeoMesa 的具体使用，我们团队逐渐对其内部原理有了很深入的了解。不过在这个过程中，我们也遭遇了很多坎坷。

首先是 GeoMesa 的中文文档是非常不全面的，因此早在 2019 年年初，我就开始以"在渊的杂物堆"专栏的方式来介绍使用 GeoMesa 的过程中遇到的诸多问题。当时写的博客附带了一些真实可用的代码，大概也是国内最早的一类介绍相关内容的资料。

不过撰写博客往往无法非常系统地介绍 GeoMesa 的相关内容。因此从 2021 年 9 月开始，我们团队着手写这本专门介绍 GeoMesa 的书，希望能够以一种全局视角，帮助读者由浅入深地了解 GeoMesa，尤其是其内部原理以及遇到的一些问题的解决方案。

本书讲了什么内容

本书共 12 章，从各个角度对 GeoMesa 的使用及其原理进行充分的介绍。

第 1 章是 GeoMesa 的前世今生。其中包含对行业背景的介绍。

第 2 章是 GeoMesa 上手教程。其中包含 GeoMesa 的下载、安装及配置的方法，以及一些基本的使用方法，可以帮助读者快速入门。

第 3 章是 GeoTools 基本概念。由于 GeoMesa 是通过 GeoTools 来实现 GIS 标准的，因此相关的概念也被继承下来。本章的内容对不了解 GIS 相关内容的读者是很有帮助的。

第 4 章是 GeoMesa 的时空索引。GeoMesa 解决的是如何使用有限资源管理海量时空数据的问题，因此其数据管理的核心——时空索引是非常重要的。鉴于时空索引的概念比较抽象，对不了解相关内容的读者来说，可能很难快速理解，因此我们会对时空索引的基本逻辑进行详细的介绍。

第 5 章是数据写入。其中包含 GeoMesa 的写入流程、具体的操作过程以及最终数据管理的逻辑。

第 6 章是数据查询。其中包含 GeoMesa 的查询流程、具体的查询步骤等。

第 7 章是数据统计。由于这部分涉及很多的数据分析内容，因此它的执行逻辑与数据写入、数据查询有很大的不同，本章对其中的差异也做了详细的介绍。

第 8 章是数据分析。由于数据分析相对来说比较独立，因此它的 API 与前面第 5 章到第 7 章讲述的几种流程有很大差别，本章主要选取 4 个典型案例来进行介绍。

第 9 章是数据工作流。在数据处理过程中,往往会将复杂的数据处理切分成多段,形成工作流,这样对用户来说是更加友好的。GeoMesa 主要借助 NiFi 组件来管理工作流。

第 10 章是 GeoMesa 的数据存储方案。由于大数据场景下,存储组件非常多,因此 GeoMesa 针对不同的组件进行适配,本章主要介绍对不同组件的适配方式和使用方法。

第 11 章是分布式计算。对于大数据分析场景,分布式计算也是非常重要的,GeoMesa 主要是通过 Spark 来实现分布式计算任务的,本章会对相关内容进行源码级的剖析。

第 12 章是操作时遇到的若干问题。由于笔者在使用 GeoMesa 的过程中,尤其是将其与具体业务结合时,遇到过很多问题,因此本章会将一些典型问题罗列出来,分别解答,希望能够让读者在使用 GeoMesa 的过程中,不重复"踩坑"。

阅读建议

阅读本书前,建议读者掌握一定的 Java 语言基础以及 GIS(地理信息系统)的基本概念。无论是在校学生,还是需要"充电"的工程师,做好前期的知识准备,学习效果会更好。

致谢

本书能够编写完成,除了 3 位作者的辛勤工作,也离不开司空学社(SikongSphere)各位同学的帮助和支持,在此对王博鸿、陈硕、张泽、罗子牛、徐艺阁、徐铎轩、李佳茵等各位同学表示真诚的感谢。

感谢人民邮电出版社的郭媛编辑,本书从选题的论证到书稿的格式审核、文字编辑,她都付出了很多,并提出了很多专业意见。

刘钧文

2022 年 8 月 14 日

服务与支持

本书由异步社区出品，社区（https://www.epubit.com）可为您提供相关资源和后续服务。

提交勘误信息

作者和编辑尽最大努力来确保书中内容的准确性，但难免会存在疏漏。欢迎您将发现的问题反馈给我们，帮助我们提升图书的质量。

当您发现错误时，请登录异步社区，按书名搜索，进入本书页面，单击"发表勘误"，输入相关信息后，单击"提交勘误"按钮即可，如下图所示。本书的作者和编辑会对您提交的相关信息进行审核，确认并接受后，您将获赠异步社区的 100 积分。积分可用于在异步社区兑换优惠券、样书或奖品。

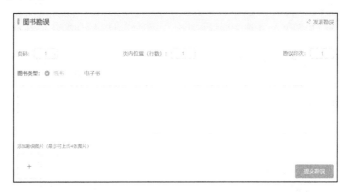

扫码关注本书

扫描下侧的二维码，您将会在异步社区微信服务号中看到本书信息及相关的服务提示。

与我们联系

我们的联系邮箱是 contact@epubit.com.cn。

如果您对本书有任何疑问或建议，请您发电子邮件给我们，并请在电子邮件标题中注明书名，以便我们更高效地做出反馈。

如果您有兴趣出版图书、录制教学视频，或者参与图书翻译、技术审校等工作，可以发电子邮件给我们；有意出版图书的作者也可以到异步社区在线投稿（直接访问www.epubit.com/contribute 即可）。

如果您所在的学校、培训机构或企业，想批量购买本书或异步社区出版的其他图书，也可以发电子邮件给我们。

如果您在网上发现有针对异步社区出品图书的各种形式的盗版行为，包括对图书全部或部分内容的非授权传播，请您将怀疑有侵权行为的链接发电子邮件给我们。您的这一举动是对作者权益的保护，也是我们持续为您提供有价值的内容的动力之源。

关于异步社区和异步图书

"异步社区"是人民邮电出版社旗下 IT 专业图书社区，致力于出版精品 IT 图书和相关学习产品，为作译者提供优质出版服务。异步社区创办于 2015 年 8 月，提供大量精品 IT 图书和电子书，以及高品质技术文章和视频课程。更多详情请访问异步社区官网。

"异步图书"是由异步社区编辑团队策划出版的精品 IT 专业图书的品牌，依托于人民邮电出版社近 40 年的计算机图书出版积累和专业编辑团队，相关图书在封面上印有异步图书的 Logo。异步图书的出版领域包括软件开发、大数据、人工智能、测试、前端、网络技术等。

异步社区

微信服务号

目　　录

第**1**章

GeoMesa 的前世今生

随着"大数据时代"的到来，海量数据的管理和优化日益成为现代城市治理的硬性需求。时空数据管理作为以往的一个小众领域，也变得越发重要。传统的时空数据主要利用时空数据库进行管理，但是这种传统的数据管理方式面临着非常多的挑战，也就出现了GeoMesa 这种新的管理工具。本章将会从以下 4 个方面对 GeoMesa 的诞生背景和诞生过程展开介绍。

- 时空数据背景。

- 传统时空数据库的瓶颈。

- GeoMesa 概述。

- GeoMesa 生态圈。

1.1　时空数据背景

时空数据是一种多维数据，与以往数据的结构存在非常大的不同，因此对应的存储和管理方式也会有很大的差异。本节将从时空数据简介、时空数据处理过程、时空数据库的产生等方面阐述时空数据的相关内容。

1.1.1　时空数据简介

随着信息技术的发展，数据已经成为经济发展的一个重要元素。与此同时，数据类型也在不断扩充，从以往的只进行科学计算的纯数值类型，发展到描述空间地理信息的空间数据类型。如今，随着智慧城市的发展，时空数据已成为一个重要的数据类型，逐渐进入公众的视野，例如行人和车辆的轨迹数据、地图上的路网数据等，而基于时空数据产生的数据应用也为公众的生活提供了非常多的便利，具有很好的应用前景。

所谓时空数据，是指同时具有时间维度和空间维度的数据。相比于传统的一维数据，时空数据不仅包含空间的二维或者三维的信息，还包含时间这个维度的信息，除此以外，时空数据也具有其他方面的特征，是高维度的复杂数据类型。

时空数据的特点如下。

（1）时空数据并未将时间、空间以及其他信息相互孤立，而是将这些信息进行整合的有机整体。例如对于轨迹数据来说，单个轨迹可能从空间来看是一条曲线，但是其中每一个点都是与具体的时间相对应的，其他信息也同样是相互关联的。

（2）时空数据的量非常大。据国际数据公司（IDC）统计，预计到 2025 年 80% 的数据都与空间位置相关，这增加了时空数据管理的难度。

（3）时空数据是具有严格规范要求的。由于空间信息对应的坐标系是多样的，时间的标准也是多变的，因此在对时空数据的管理上会更加严格。

（4）时空数据涉及很多特殊的操作方法。对于传统数据类型的数据，可能只需要根据上界或者下界来取值或者计数就可以了，但是对于时空数据来说，它涉及很多时空方面的范围查询、距离查询、聚类分析等特殊的操作方法。

1.1.2　时空数据处理过程

在智慧城市的业务场景下，经过多年的技术沉淀，行业内已经形成了比较完善的时空数据处理过程，如图 1-1 所示。整体上可以分为 3 层：行业应用、时空数据管理平台以及多源异构时空数据。

相对于传统数据的处理过程来说，在很多细节层面上，时空数据的处理过程会更加复杂。

首先在数据的接入端部分，传统数据类型的接入端很多都是移动智能设备，这些设备单价高，但功能更加完善，接口相对来说比较统一。但是对于时空数据来说，由于接入的设备很多都是比较廉价的物联网设备，数据传输协议以及芯片架构都有非常大的差异，因此时空数据的接入难度是比较高的，需要满足的条件也更为苛刻。

在数据入库这一步，时空数据需要非常多的额外操作。传统数据类型的数据管理难度较低，例如社交的通信数据，这些数据获取起来比较方便，管理也更加透明。但是对于时空数据，一方面，它的主管机构往往都具有更高的保密级别，另一方面，它本身会涉及非常多的敏感信息，因此时空数据需要专门的平台来管理。

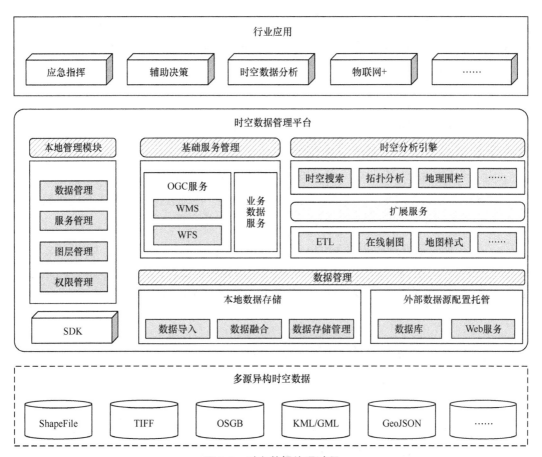

图 1-1 时空数据处理过程

在分析和挖掘部分，时空数据有很多自己特殊的分析和挖掘算法，例如对于轨迹数据来说，需要进行轨迹的降噪、分段处理，这些过程在传统数据中是不存在的，需要单独开发。

最后就是应用和上层展示部分，这会涉及很多的法律合规问题，这些问题在实际业务中非常敏感。

综上所述，我们可以了解到，时空数据的处理过程是需要单独的、专门的系统来进行支持的，传统的通用数据管理范式很难直接套用到时空数据，因此针对时空数据管理的时空数据库应运而生。

1.1.3 时空数据库的产生

时空数据库能够提供时空数据的高效读写、高压缩比存储能力。在实际应用中，它能够用来存储传感器数据、移动互联网空间数据、全球定位数据等。它还能够兼容 SQL 以及 SQL/MM 标准，能够使用户非常容易地在应用中整合时空数据库的各项能力。

为了支持时空数据，时空数据库提供了许多功能。

（1）时空索引能够高效地支持针对时空数据的查询，除了诸如 R 树、四叉树等的传统空间索引，时空数据库还提供了许多时空索引算法，可以在高效查询空间数据的基础上，保证对时间和空间数据进行复合查询的高效性。

（2）时空数据模型是在城市应用当中的一些特定数据类型，例如时空栅格数据、时空图数据、时空轨迹数据等都是应用非常多的时空数据类型。传统数据库对这些特定数据类型支持得并不好，而时空数据库对这些类型进行了封装，优化了存储结构。

（3）时空算法是处理时空数据的一些特殊的分析方法，例如聚类、KNN（K-nearest Neighbor，K 近邻）查询、相似性查询等。这些算法是传统数据库不会提供的，因此这些时空算法就成为时空数据库的重要特性，用来满足时空场景下的特定需求。

1.2 传统时空数据库的瓶颈

随着时空数据管理需求的产生，诸如 PostGIS、Oracle Spatial 这样的传统时空数据库在很长的时间内是行业内的主流，如图 1-2 所示，这些数据库往往是基于传统关系数据库扩展而来的，因此能够保证在处理相对较小数据量时的高性能。然而，随着大数据时代的到来，传统时空数据库的性能瓶颈愈发明显。

图 1-2 传统时空数据库

1.2.1 无法支持海量数据

传统时空数据库很多都是基于传统关系数据库扩展而来的，传统关系数据库中往往采用 B+树这样面向页的索引结构，这种结构在海量数据场景下存在很大的问题。例如，在百万条级别以下数据量的场景中，这些关系数据库的性能是非常优异的，但是在如今海量的时空数据场景下，我们面临的数据量往往是上亿条级别的，这种情况下，传统时空数据库就无法很好地应对，在读写方面会出现很多问题。

1.2.2　无法进行弹性扩展

在传统时空数据库中，由于数据量比较小，单机的资源就能够满足存储和计算的需求。但是在如今的大数据时代，时空数据的管理需求往往不是简单的、小数据量的存储和计算，而是需要利用大量的服务器组成可用的规模化集群，共同提供服务的。而且如果涉及数据的增量更新，很可能出现原本规划的服务器资源无法满足需求的情况，就需要在不停止提供服务的情况下动态地更新服务器规模，实现弹性扩展。还有一种情况，即如果出现流量洪峰和流量衰退，那么可能服务器集群的规模也需要动态地扩大和缩小。传统时空数据库显然是无法满足这些需求的。

1.2.3　流式数据的支持受限

在传统时空数据场景中，时空数据的更新频率非常低，例如一些国土信息，可能 10 年才会有一次大的普查，进行一次集中的更新。但是现如今随着物联网设备的全面铺开，数据是源源不断产生的，而传统时空数据库对这种新场景的准备不足，导致在实际开发中依然需要借助外部组件来支持对流式数据的管理和查询。

1.2.4　改造成本较高

传统时空数据库的技术栈比较老旧，而且其支持的编程语言决定了其无法满足当下的业务发展速度。例如 MySQL Spatial 是基于 MySQL 扩展而来的，MySQL 本身就是一款由 C++语言开发的传统关系数据库，虽然在一些场景下 MySQL 的性能非常不错，在行业内占有很大的市场份额，但是对于普通的软件开发人员来说，C++并不是一种适合敏捷开发的编程语言。尤其是在业务快速发展的领域，业务往往需要一个月完成一次迭代，这种情况下，更加上层的语言显然是更好的选择。

1.3　GeoMesa 概述

为了解决传统时空数据库的种种弊端，业界有非常多的尝试，在海量矢量时空数据的管理方面，GeoMesa 异军突起，成为时空数据领域内非常重要的一个基础性组件。本节将从 GeoMesa 的历史来介绍它是如何产生和发展的。

1.3.1　GeoMesa 横空出世

时空数据最早是在美国军事领域应用的，美国军方需要对时空数据进行空间威胁预测分析，从而预测威胁方的位置。这涉及空间数据集，对关系数据库来说，已经面临其性能瓶颈。另外，数据库需要非常好的读写性能。

为了解决这个问题，美国军方找到了通用原子和联邦计算机研究公司（General Atomics and Commonwealth Computer Research, Inc., 简称 GA-CCRi），希望该公司能够开发一款产品，解决他们遇到的时空数据方面的问题。

自此，GA-CCRi 开始开发 GeoMesa 这款产品作为分析和可视化的工具，来满足美国军事领域的一些需求。不过随着产品研发的深入，研发人员开始使用该产品来支持他们内部的一些分析，并在这个过程中意识到 GeoMesa 对社会的价值，最终该公司决定开源 GeoMesa 这款产品。

如今，GeoMesa 正逐渐兼容大数据生态，在很多民用领域显现出巨大的价值。

1.3.2　GeoMesa 设计思想

GeoMesa 的核心能力是以时空索引为自身的数据管理能力。同时，它像桥梁一般，一头连接着上层的时空应用，另一头连接着底层的大数据生态。因此，在整个 GeoMesa 的架构设计中，都是在数据应用、大数据生态对接和高效的数据管理这 3 个方面来发力的。GeoMesa 架构如图 1-3 所示。

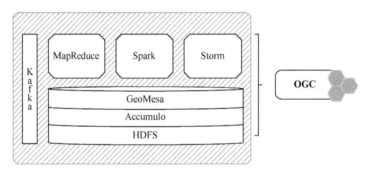

图 1-3　GeoMesa 架构

从图 1-3 中可以看出，GeoMesa 总体是兼容 OGC 标准的，其外部生态是基于云计算的，分为数据存储（Accumulo、HDFS）、数据接入（Kafka）、数据计算（MapReduce、Spark、Storm）。

1. 以时空索引为核心

GeoMesa 的核心是时空索引，它的作用就是通过一定的规则，让时空数据映射成底层分布式大数据组件能够接受的数据结构。其本质就是希望通过散列的方式，使数据能够尽可能均匀地分布在不同的节点上，以保证数据的高效管理。GeoMesa 使用以空间填充曲线为基础的时空索引方案，如图 1-4 所示，相关内容我们会在后面的章节详细介绍。

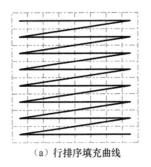

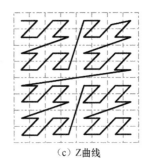

（a）行排序填充曲线　　　　　（b）Hilbert填充曲线　　　　　（c）Z曲线

图 1-4　空间填充曲线

2. 集成 GIS 生态组件

在上层和数据模型的组织上，GeoMesa 集成了 GIS（Geographical Information System，地理信息系统）生态的一些组件和算法模块。由于 GIS 是一个技术非常成熟的领域，因此其内部的接口标准历经多年的验证，都是非常实用的，而且在行业内得到了非常广泛的使用。通过集成 GIS 生态的相关组件，GeoMesa 一方面可以保证自身内部数据流转的逻辑性，另一方面在与上层 GIS 生态组件对接时也更加顺畅。

3. 插件式管理底层数据源

为了适配不同的场景，我们在管理时空数据时，往往需要兼容不同的底层数据源。在传统的业务中，程序员需要适配不同的接口，同时需要根据每一种数据源的特征，有针对性地设计相关的数据存储方案。在 GeoMesa 中，通过它对时空数据进行转换，基本上能够保证时空数据都转换成以键值对形式存储的数据。而对于不同的底层数据源，GeoMesa 则采用插件化的管理方式。

这种管理方式有两方面的好处：一方面，功能更加集中，不同底层数据源之间实现了相互隔离，互不影响；另一方面，用户如果需要扩展数据源，只需使数据源满足 GeoMesa 定义好的接口规范，就能够非常便捷地将其嵌入 GeoMesa 中。

4. 兼容大数据生态

GeoMesa 在底层对接了很多大数据组件，其中包含以 HBase、Accumulo 为代表的大数据存储引擎，也包含以 Spark 为代表的大数据分析计算引擎，如图 1-5 所示。除此以外，在生态层面上，GeoMesa 不仅可以与这些组件单独对接，还可以与它们组成比较复杂的架构，例如接入 HBase 和 Kafka 形成的 Lambda 架构，可以同时

图 1-5　GeoMesa 兼容的部分大数据组件

支持离线的数据管理和实时的数据导入。

1.3.3　GeoMesa 核心特性

基于上述的设计思想，GeoMesa 提供了很多核心特性，本小节将会对这些核心特性进行介绍。

1. 支持存储海量时空数据

与基于传统关系数据库的时空数据管理平台不同，GeoMesa 支持存储海量时空数据。这主要得益于其对接了大数据组件，例如 HBase、Cassandra 这样的分布式大数据存储引擎。这些存储引擎的主要思想是通过将数据分片存储在不同服务器中，实现海量数据的存储。传统的集中式存储一般会将数据放在一台服务器上，这样做带来的问题是，随着数据量的增加，这台服务器的维护成本会呈指数级上升，而且如果这台服务器出现问题，整个系统就面临不可用的情况。

因此 GeoMesa 借助分布式大数据存储引擎，通过分片实现对海量数据的管理，一方面用户可以使用一些廉价服务器来承担这个任务，降低整体的成本，另一方面能够避免单台机器出现问题导致整个系统不可用的情况。

2. 弹性水平扩展

弹性的水平扩展能力，同样是 GeoMesa 借助底层大数据存储引擎来实现的。

在实际的业务场景中，数据量和访问强度是比较难预估的，我们往往需要在数据量剧增的时候，增加服务器来存储更多的数据。如果按照传统的方式，就需要停止服务，增加机器，但是这样就容易导致服务中断。

大数据存储引擎通过分布式一致性协议，实现多节点数据的管理，同时，如果要新增数据节点，也能够通过一些算法和后台任务，将旧节点的数据同步到新节点上。其中非常重要的一点就是全程都是动态扩展的，用户不需要将服务停止就可以实现数据节点的新增，为服务的稳定性提供了保障。

3. 拥有高效的时空索引机制

时空索引是 GeoMesa 比较核心的一个特性，它能够保证在大数据环境下依然高效管理时空数据。这个时空索引机制本质上是静态索引，是 GeoHash 算法的升级版，将空间数据映射成有序的长整型数字，同时通过一些分片算法，使其尽可能地均匀分布在不同的数据节点之上。

在这个过程中，主要考虑一个矛盾点，就是如何实现跨数据节点的时空数据管理。

其实在时空数据领域已经有很多比较成熟的索引算法，例如 R 树、K-D 树等，这些是以树为索引结构的算法。虽然在单机场景下这些算法展现出了非常优异的性能，但是在分布式场景下，其仍然无法很好地解决跨节点的问题。

而使用散列能够实现唯一的索引，相对来说，是能够保证数据的映射关系的，而且可以保证数据查询性能与数据量无关。也就是说，从理论上来说我们从数据量为 100 万条的数据集和数据量为 100 亿条的数据集中查询等量的数据，消耗的时间是差不多的，这一点我们也进行了实验验证，虽然与理论设想有一些微小差异，但是整体性能还是能够满足使用需求的。

4．支持分布式计算

由于在时空数据场景下，数据量通常是非常大的，因此在进行数据处理时，经常需要使用分布式系统来对海量数据进行计算。在 GeoMesa 中，已经提供了 MapReduce 以及 Spark 两种分布式计算的模式，用户可以根据自己的需求来进行选择。不过考虑到计算的时效性，通常情况下会使用 Spark 来进行分布式计算，因为 MapReduce 会将中间数据的计算结果存在磁盘中，而 Spark 则会更加充分地使用内存，所以效率更高。

5．支持地图服务发布

为了方便用户更好地使用 GeoMesa 中的数据，也为了兼容 GIS 用户的操作习惯，GeoMesa 提供了使用 OGC（Open GIS Consortium，开放式地理信息系统协会）标准服务接口访问数据的能力。它实现了 Web 要素服务（Web Feature Service，WFS）、Web 地图服务（Web Map Service，WMS）、Web 处理服务（Web Processing Service，WPS）以及 Web 覆盖服务（Web Coverage Service，WCS）。

1.4　GeoMesa 生态圈

随着多年的发展，GeoMesa 已经拥有一个庞大的生态圈。其支持的第三方组件在不断完善，同时在实际落地项目中使用 GeoMesa 的产品也越来越多。本节会从这两方面来介绍 GeoMesa 的生态圈。

1.4.1　GeoMesa 支持的第三方组件

根据前文所述，GeoMesa 主要解决的是如何将大数据生态和 GIS 生态进行对接的问题，因此其内部的第三方组件可以分为 3 个部分。

第一个部分是原本 GIS 生态中用于支持空间数据建模、管理、分析的组件，例如 GeoTools 就是专门用来管理空间数据的地理信息工具包，由于它本身已经完成了对 OGC 规范的兼容，因此 GeoMesa 选择对这个组件进行集成，保证了 GeoMesa 能够无缝对接 GIS 生态中的其他组件，增强了易用性。

第二个部分是 LocationTech 公司提供的关于时空索引的工具包——LocationTech SFCurve，它内部集成了关于时空数据方面的一些索引算法，能够很好地保证空间数据与大数据生态系统的映射关系。

第三个部分是其他的一些存储层组件，例如分布式存储系统 HBase、分布式消息队列 Kafka、流式处理引擎 Storm、分布式批处理引擎 Spark 等。它们从不同的角度满足了大数据场景下的需求，而且经过多年发展，它们都已经是业界公认非常成熟的大数据组件，能够很好地满足实际业务中的需求。

1.4.2 使用 GeoMesa 的产品

随着智慧城市行业的兴起，很多公司都面临处理海量时空数据的业务需求，因此使用 GeoMesa 产品的公司也越来越多。其中几个比较有代表性的产品是京东的 JUST 京东城市时空数据引擎、阿里的 Ganos 空天数据库引擎和华为的 CloudTable 表格存储服务。

京东的 JUST 京东城市时空数据引擎是京东智能城市研究院自研的一款时空大数据系统。它采用了先进的数据建模方法、数据存储技术、分布式索引技术和时空数据分析技术，支持多种有效的时空挖掘算法，提供了集数据存储、查询、分析、可视化为一体的解决方案。其内部的矢量数据的管理是基于 GeoMesa 完成的。

阿里的 Ganos 空天数据库引擎是阿里云推出的一款包含管理"空间几何数据""遥感影像""时空轨迹"等的时空大数据引擎系统。其内部的矢量数据是利用 GeoMesa 来进行管理的，内置了高效时空索引算法、空间拓扑几何算法等，已经在很多场景下有落地案例。

华为的 CloudTable 表格存储服务基于 Apache HBase 的全托管 NoSQL 服务，其中关于时空数据方面的能力也是基于 GeoMesa 来进行扩展的。

1.5 本章小结

本章主要讲述了 GeoMesa 产生的背景以及它的概况，主要从 4 个方面展开：时空数据背景、传统时空数据库的瓶颈、GeoMesa 概述以及 GeoMesa 生态圈。其中在 GeoMesa 概述部分，又详细介绍了 GeoMesa 的历史、设计思想以及核心特性，相信能够帮助读者对 GeoMesa 形成初步的认识。接下来我们会对 GeoMesa 的安装和使用方法进行介绍。

第 2 章

GeoMesa 上手教程

GeoMesa 是一个基于分布式计算系统的实现海量时空数据查询和分析的开源工具包,目的在于方便用户在分布式 NoSQL 数据库中存储和管理海量空间数据。作为时空数据处理套件,GeoMesa 本身并不存储数据,其数据存储主要依赖于底层的分布式数据库(如 HBase、Accumulo 等)。其中,因为 HBase 本身在行业内有一定的地位,GeoMesa-HBase 是业界使用较多的一种管理方案,其简明性、易用性能够带领我们迅速对 GeoMesa 产生一定的认知,从而为我们掌握其他组件奠定基础。因此,本章内容将以 GeoMesa-HBase 3.2.0 作为示例来讲解。

与 Hadoop、HBase 等类似,GeoMesa 也支持以单机模式(Standalone Mode)、伪分布模式(Pseudo Distributed Mode)和完全分布模式(Fully Distributed Mode)安装,其配置方式也大同小异,并且由于 GeoMesa 需要依赖其他的存储引擎,因此在安装之前需要先做好相关环境的准备与配置。结合实际生产开发中的需求背景,本章将对完全分布模式的安装方式进行讲解。

在安装 GeoMesa-HBase 前,要保证服务器集群中的每台机器都正确安装并配置了 JDK、Hadoop、HBase 等组件。组件的具体版本如表 2-1 所示。

表 2-1　组件的具体版本

组件名称	组件版本
JDK	1.8
Apache Hadoop	3.1.x
Apache HBase	2.2.x
Apache ZooKeeper	3.5
Apache Maven	3.5.2+

本章内容所涉及的集群环境信息如表 2-2 所示。

表 2-2　集群环境信息

Host 名称	节点
geomesa-cookbook01	Leader
geomesa-cookbook02	Follower
geomesa-cookbook03	Follower

为了更为全面地介绍 GeoMesa 的初步使用方法，本章将从以下 4 个方面来进行介绍。

- 下载、安装以及配置。

- 通过命令行使用 GeoMesa-HBase。

- 快速入门。

- 通过 Java API 使用 GeoMesa-HBase。

2.1　下载、安装以及配置

使用 GeoMesa-HBase 前，需要下载、安装和配置对应的软件，本节将从这两方面进行介绍。

2.1.1　下载和安装

GeoMesa-HBase 组件的源码在 GitHub 上是开源的，同时对于发布的每个版本，官方都会发布对应的编译后的软件包。因此用户在下载和安装 GeoMesa-HBase 时，就有两种选择，一种是直接下载编译好的软件包，另一种就是通过 Maven 对源码进行编译，然后使用编译后的软件包。

如果选择直接使用编译好的软件包，就可以直接拉取 GitHub 中的文件，如代码清单 2-1 所示。

代码清单 2-1　拉取 GeoMesa-HBase 软件包

```
$ wget https://github.com/XXXX/geomesa_2.11-3.2.0/geomesa-hbase_2.11-3.2.0-bin.tar.gz
```

需要指出的是，GeoMesa 的软件包通常有两个版本号，其完整的文件名是 geomesa-hbase_${VERSION}-${TAG}-bin.tar.gz。其中，${VERSION}指的是 Scala 编程语言的版本号，而${TAG}则代表 GeoMesa 的版本号。

然后我们需要对软件包进行解压，之后查看目录结构，如代码清单 2-2 所示。

代码清单 2-2　解压软件包并查看目录结构

```
$ tar -zxvf geomesa-hbase_2.11-3.2.0-bin.tar.gz
$ ls
bin conf dist examples lib LICENSE.txt logs README.md
```

而在很多场景下，用户可能需要自己编译 GeoMesa-HBase 源码。用户也可以直接用 Git 拉取 GeoMesa-HBase 的源码，然后用 Maven 编译，其过程也比较简单，如代码清单 2-3 所示。

代码清单 2-3　使用 Maven 对源码进行编译

```
$ mvn clean install -DskipTests=true
$ tar -zxvf geomesa-hbase_2.11-3.2.0-bin.tar.gz
$ ls
bin conf dist examples lib LICENSE.txt logs README.md
```

需要注意的是，若没有配置 Maven 的仓库源，Maven 会从默认的中央仓库下载各项依赖。而中央仓库的访问速度较缓慢，甚至会导致下载失败。因此建议在代码编译之前添加国内的 Maven 镜像，以解决网络缓慢所带来的编译失败等问题。

2.1.2　GeoMesa-HBase 的配置

在完成 GeoMesa-HBase 的下载和安装以后，我们就需要对 GeoMesa-HBase 进行一些配置。这里的配置过程可以分为 4 步。

- 添加环境变量。
- 拉取依赖。
- 注册协处理器。
- 启动服务。

1. 添加环境变量

为了方便使用 GeoMesa-HBase 命令，我们需要在 Linux 服务器中进行其环境变量的配置。使用 Vim 对/etc/profile 文件进行编辑，如代码清单 2-4 所示。

代码清单 2-4　使用 Vim 编辑 profile 文件

```
$ vim /etc/profile
```

在 profile 文件中添加 GeoMesa-HBase 的环境变量，并按:wq 保存并退出，如代码清单 2-5 所示。

代码清单 2-5　添加环境变量信息

```
export GEOMESA_HBASE_HOME=XXX/geomesa-hbase_2.11-3.2.0
export PATH=$PATH:$GEOMESA_HBASE_HOME/bin
```

最后刷新 profile 文件，如代码清单 2-6 所示，这样我们配置的环境变量就生效了。

代码清单 2-6　刷新 profile 文件

```
$ source /etc/profile
```

2. 拉取依赖

在原生 GeoMesa-HBase 的软件包中，缺失了很多依赖，因此我们需要将这些依赖从网上拉取下来。这个操作非常简单，GeoMesa-HBase 在 3.x 版本以后的组件中提供了一个名为 install-dependencies.sh 的脚本，而在之前的版本中则提供的是 install-jai.sh 和 install-jline.sh 两个脚本，通过它们可以将依赖拉取到服务器中。

执行 install-dependencies.sh 脚本，脚本的具体位置为 geomesa-hbase_2.11-3.2.0/bin/install-dependencies.sh，如代码清单 2-7 所示，执行脚本后，会从网上拉取一系列所需要的依赖。

代码清单 2-7　执行拉取依赖的脚本

```
$ sh bin/install-dependencies.sh
Reading dependencies from XXX/geomesa-hbase_2.11-3.2.0/conf/dependencies.sh
Preparing to install the following artifacts into XXX/geomesa-hbase_2.11-3.2.0/lib:

 com.google.guava:guava:27.0-jre:jar
 commons-cli:commons-cli:1.2:jar
 commons-configuration:commons-configuration:1.6:jar
 ...
 org.apache.htrace:htrace-core:3.1.0-incubating:jar
 org.apache.htrace:htrace-core4:4.1.0-incubating:jar
 org.apache.zookeeper:zookeeper:3.4.14:jar
```

3. 注册协处理器

在 HBase 中，用户可以使用协处理器来对一些操作进行加速，GeoMesa 就是利用这个特性，增强了自身的数据管理能力和整体的系统性能。例如对于空间范围查询，GeoMesa 就自定义了适合空间范围查询的协处理器，用户可以将这个协处理器注册到 HBase 中，这样很多计算的压力就会分摊到多台服务器上，而不是由单独的服务器来承担。

注册协处理器主要是将 GeoMesa-HBase 中的协处理器 JAR 包迁移到 HBase 的依赖库中，然后到 HBase 中添加相关配置。

首先我们要找到 JAR 包，其具体位置在 geomesa-hbase_2.11-3.2.0/dist/hbase 目录下。我们可以发现，在该目录中存在两个 JAR 包，并且"hbase"后的数字分别为 1 和 2，如代码清单 2-8 所示。这两个 JAR 包分别对应 HBase 的版本。由于程序运行环境中 HBase 版本号为 2.2.2，因此选择"hbase"后数字为 2 的 JAR 包。

代码清单 2-8　GeoMesa-HBase 协处理器 JAR 包

```
$ cd dist/hbase/
geomesa-hbase-distributed-runtime-hbase1_2.11-3.2.0.jar
geomesa-hbase-distributed-runtime-hbase2_2.11-3.2.0.jar
```

复制该 JAR 包到${HBASE_HOME}/lib 目录下，如代码清单 2-9 所示。

代码清单 2-9　将 GeoMesa-HBase 协处理器 JAR 包复制到 HBase 的 lib 目录下

```
$ cp geomesa-hbase-distributed-runtime-hbase2_2.11-3.2.0.jar ${HBASE_HOME}/lib/
```

GeoMesa 利用服务器来加速某些查询。为了让所有服务器节点都能利用 GeoMesa 协处理器的加速功能，GeoMesa 协处理器必须在所有表上注册或在站点范围内注册。此外，geomesa-hbase-distributed-runtime 的 JAR 包必须在软件类路径或 Hadoop 分布式文件系统（Hadoop Distributed File System，HDFS）统一资源定位符（Uniform Resource Locator，URL）指向的位置上可用。

为使 HBase 能够在运行时访问到 geomesa-hbase-distributed-runtime，我们可以在 HBase 的配置文件 hbase-site.xml 中配置对应的协处理器信息，如代码清单 2-10 所示。

代码清单 2-10　配置协处理器信息

```
<property>
    <name>hbase.coprocessor.user.region.classes</name>
    <value>org.locationtech.geomesa.hbase.rpc.coprocessor.GeoMesaCoprocessor
    </value>
</property>
```

需要注意的是<value>标签中的.rpc，这在配置 GeoMesa 3.x 之前的版本时是没有的。

将以上过程在其他服务器上各执行一次即可完成 GeoMesa-HBase 的完全分布模式安装。

4. 启动服务

配置完成后，我们只需要重启 HBase，即可使服务生效，如代码清单 2-11 所示。

代码清单 2-11　重新启动 HBase

```
$ sh bin/stop-hbase.sh
stopping hbase...
```

```
$ sh bin/start-hbase.sh
running master, logging to
XXX/hbase-2.2.2/logs/hbase-root-master-geomesa-cookbook.outgeomesa-cookbook: running
 regionserver, logging to XXX/hbase-2.2.2/bin/..
/logs/hbase-root- regionserver-geomesa-cookbook03.out
```

2.2 通过命令行使用 GeoMesa-HBase

安装好 GeoMesa-HBase 后，我们就可以一展拳脚了！在使用方面，GeoMesa-HBase 提供了两种方法，一种是通过命令行使用GeoMesa-HBase，另一种是通过编码使用GeoMesa-HBase。

其中通过命令行使用 GeoMesa-HBase 比较简便，因此适合运维人员做检查和调试。不过由于其很多命令使用限制较多，不适合编写比较复杂的业务逻辑。本节主要介绍GeoMesa-HBase 命令行的使用方式。

在使用相关命令时，都需要在命令前面添加 geomesa-hbase，如果参照前面的内容对GeoMesa-HBase 的环境变量进行了配置，那么可以不用写出 geomesa-hbase 命令的全路径。由于本节涉及的所有命令都会以 geomesa-hbase 作为开头，因此在具体介绍时，只会展示该开头后面的操作名称，不会重复书写 geomesa-hbase 字样。

2.2.1 环境和状态命令

GeoMesa-HBase 提供了环境和状态命令，用户可以使用这些命令来获取一些基本的环境信息，我们接下来对这些命令一一进行列举。

classpath 命令可用于显示运行环境中可用类的路径，这对解决类加载问题很有用。

env 命令可用于显示类路径上可用的 SimpleFeatureType 和 GeoMesa 转换器。env 命令还可以配置一些具体的参数，如表 2-3 所示。

表 2-3　env 命令参数详情

参数名称	描述
-s,--sfts	描述具体的 SimpleFeatureType
-c,--converters	描述具体的转换器
--describe-sfts	描述所有的 SimpleFeatureType
--describe-converters	描述所有的转换器
--list-converters	列出所有可用转换器的名称

参数名称	描述
--list-sfts	列出所有可用的要素类名称
--format	格式化输出 SimpleFeatureType
--concise	渲染输出时去除冗余空白
--exclude-user-data	输出中不包含用户数据

help 命令可用于列出可用的命令。可以使用 help<command>显示特定命令的参数。

version 命令可用于展示 GeoMesa 当前的发行版本。

2.2.2 数据模式相关命令

数据模式指的是数据所具备的结构，在数据库领域被称为 Schema。Schema 相关命令主要是用来管理 GeoMesa 中表结构的，对应到 OGC 的数据结构概念中就是 SimpleFeatureType。这些命令在 GeoMesa 中是非常重要的。

create-schema 命令用于创建新的 SimpleFeatureType，相关参数详情如表 2-4 所示。

表 2-4　create-schema 命令参数详情（*表示该参数是必需的）

参数	描述
-c, --catalog *	存储 Schema 元数据的目录表
-s, --spec *	新建 SimpleFeatureType 的字段结构
-f, --feature-name	新建 SimpleFeatureType 的命名
--dtg	用于默认日期字段的属性

这里的 spec 是一种 GeoTools 定义的元数据定义格式，与 SQL 中的字段信息类似，需要我们定义字段的名称以及对应的数据类型。例如 name:String,dtg:Date,*geom:Point:srid=4326。在 create-schema 命令中，如果 spec 未指定 SimpleFeatureType 的名称，则--feature-name 是必需的。

delete-catalog 命令用于删除指定目录中的所有 SimpleFeatureType，以及与它们有关联的所有 Features，相关参数详情如表 2-5 所示。

表 2-5　delete-catalog 命令参数详情（*表示该参数是必需的）

参数	描述
-c, --catalog *	存储 Schema 元数据的目录表

describe-schema 命令用于描述现有 SimpleFeatureType 的具体属性，相关参数详情如表 2-6 所示。

表 2-6 describe-schema 命令参数详情（*表示该参数是必需的）

参数	描述
-c, --catalog *	存储 Schema 元数据的目录表
-f, --feature-name	SimpleFeatureType 名称

gen-avro-schema 命令用于生成基于 SimpleFeatureType 的 Avro Schema，相关参数详情如表 2-7 所示。

表 2-7 gen-avro-schema 命令参数详情（*表示该参数是必需的）

参数	描述
-s, --spec *	新建 SimpleFeatureType 的字段结构
-f, --feature-name	SimpleFeatureType 名称

get-sft-config 命令用于导出 SimpleFeatureType 的元数据，相关参数详情如表 2-8 所示。

表 2-8 get-sft-config 命令参数详情（*表示该参数是必需的）

参数	描述
-c, --catalog *	存储 Schema 元数据的目录表
-f, --feature-name	SimpleFeatureType 名称
--format	要输出的格式，在 spec 和 config 中任选其一
--concise	以最少的空格导出元数据
--exclude-user-data	从输出中排除用户数据

get-type-names 命令用于列出指定目录表中存储的所有 SimpleFeatureType 名称，相关参数详情如表 2-9 所示。

表 2-9 get-type-names 命令参数详情（*表示该参数是必需的）

参数	描述
-c, --catalog *	存储 Schema 元数据的目录表

manage-partitions 命令会操作 GeoMesa 使用的分区表。它有 4 个子命令，如表 2-10 所示。

表 2-10　manage-partitions 子命令

子命令	描述
list	列出给定模式的分区
add	创建新分区
delete	删除现有分区
name	显示与属性关联的分区名称

以 list 为例，具体的操作方法如代码清单 2-12 所示。

代码清单 2-12　列出给定模式的分区

```
$ geomesa manage-partitions list -c myCatalog ...
```

要调用命令，请使用命令名称，然后在命令名称后接一些具体参数，相关参数详情如表 2-11 所示。

表 2-11　manage-partitions 命令参数详情（*表示该参数是必需的）

参数	描述
-c, --catalog *	存储 Schema 元数据的目录表
-f, --feature-name	新建 SimpleFeatureType 的名称

remove-schema 命令用来删除 SimpleFeatureType，以及与其关联的所有 Feature，相关参数详情如表 2-12 所示。

表 2-12　remove-schema 命令参数详情（*表示该参数是必需的）

参数	描述
-c, --catalog *	存储 Schema 元数据的目录表
-f, --feature-name	Schema 的名称
--pattern	以正则表达式匹配要删除的 Schema
--force	强制删除任何匹配的 Schema

Schema 可以按名称指定，也可以使用正则表达式匹配，以一次性删除多个 Schema。

update-schema 命令用来更改现有的 SimpleFeatureType。此命令可用于重命名 Schema、重命名属性、附加额外属性和修改关键字，相关参数详情如表 2-13 所示。

Schema 元数据将在更新之前备份，备份的文件通常在新创建的表中。如果更新过程中出现错误，可以使用备份文件恢复之前的状态。

表 2-13　update-schema 命令参数详情（*表示该参数是必需的）

参数	描述
-c, --catalog *	存储 Schema 元数据的目录表
-f, --feature-name *	要操作的 Schema 的名称
--rename	更改要素类型的名称
--rename-attribute	更改现有属性的名称
--add-attribute	向要素类型添加新属性（列）
--enable-stats	启用或禁用功能类型的统计信息
--add-keyword	向特征类型用户数据添加新关键字
--remove-keyword	从要素类型用户数据中删除现有关键字
--add-user-data	在要素类型用户数据中添加或更新条目
--rename-tables	重命名要素类型时，更新索引表以匹配
--no-backup	在更新之前禁用备份

2.2.3　数据编辑命令

数据编辑命令主要是对数据本身进行操作。

delete-features 命令可以用于从 Schema 中删除特定 Features，相关参数详情如表 2-14 所示。如果要删除所有 Features，一种推荐的快速方式是删除整个 Schema，再创建同样表结构的 Schema。

表 2-14　delete-features 命令参数详情（*表示该参数是必需的）

参数	描述
-c, --catalog *	存储 Schema 元数据的目录表
-f, --feature-name *	Schema 的名称
-q, --cql	用于选择删除要素的 CQL 过滤器
--force	关闭确认提醒

ingest 命令可以用于读取各种格式的文件，并将读取的内容转换为 SimpleFeatures 插入 GeoMesa，相关参数详情如表 2-15 所示。通常来说，我们需要提前定一个 GeoMesa 转换器，以获取输入数据与 SimpleFeatures 之间的映射关系。除此之外，GeoMesa 能够支持常见的输入格式，例如分隔文本（TSV、CSV）、固定宽度文件、JSON、XML 和 Avro 等。

表 2-15　ingest 命令参数详情（*表示该参数是必需的）

参数	描述
-c, --catalog *	存储 Schema 元数据的目录表
-f, --feature-name	Schema 的名称
-s, --spec	新建 SimpleFeatureType 的字段结构
-C, --converter	用于创建 SimpleFeatures 的 GeoMesa 转换器
--converter-error-mode	覆盖转换器定义的错误模式
-t, --threads	使用的并行线程数
--input-format	输入文件的格式（CSV、TSV、Avro、SHP、JSON 等）
--index	指定要写入的特定 GeoMesa 索引，而不是所有索引
--no-tracking	当数据插入流程被提交时，系统进程将关闭。这对于使用脚本启动系统很有帮助
--run-mode	必须是 local 或 distributed 之一（用于 map/reduce 插入）
--combine-inputs	将多个输入文件合并为一个拆分后的输入文件（仅限分布式）
--split-max-size	拆分的最大大小（以字节为单位，仅限分布式）
--src-list	输入文件是带有文件列表的文本文件，每行一个，用于插入
--force	关闭任何确认提醒
<files>	要插入的数据文件

　　如果未指定转换器，GeoMesa 将尝试根据输入文件推理转换器的定义。目前该功能支持 GeoJSON、Avro、分隔文本（TSV、CSV）和 SHP 格式的文件。同时，用户可以将 GeoMesa 推理出的转换器保存到文件中，以方便修改和重新调用。

2.2.4　查询导出命令

　　查询导出命令用于查询和导出 SimpleFeatures。

　　convert 命令用于直接将一种格式的数据转换为另一种格式，而不会将它们插入 GeoMesa 中，相关参数详情如表 2-16 所示。例如，该命令可用于将 CSV 文件转换为 GeoJSON 格式。

表 2-16　convert 命令参数详情（*表示该参数是必需的）

参数	描述
-f, --feature-name	Schema 的名称
-s, --spec	新建 SimpleFeatureType 的字段结构

参数	描述
-C, --converter	用于创建 SimpleFeatures 的 GeoMesa 转换器
--converter-error-mode	覆盖转换器定义的错误模式
-q, --cql	用于选择导出要素的 CQL 过滤器
-m, --max-features	限定导出要素的最大数量
-F, --output-format	用于导出的输出格式
-o, --output	输出到文件而不是标准输出
--input-format	输入文件的文件格式（SHP、CSV、TSV、Avro 等）
--hints	用于修改查询的查询提示
--gzip	用于输出的 gzip 压缩级别，从 1 到 9
--no-header	不导出要素类的标题，用于 CSV 和 TSV 格式
--suppress-empty	如果没有转换任何要素，不写入任何标题或其他输出
--force	强制执行

explain 命令可以用来展示查询计划，用户可以进一步调试速度缓慢或存在问题的查询，相关参数详情如表 2-17 所示。在不实际运行查询的情况下，这个命令将显示各种数据，包括正在使用的索引、提取的任何查询提示、正在扫描的确切范围以及正在应用的过滤器。

表 2-17　explain 命令参数详情（*表示该参数是必需的）

参数	描述
-c, --catalog *	存储 Schema 元数据的目录表
-f, --feature-name *	Schema 的名称
-q, --cql *	用于选择导出要素的 CQL 过滤器
-a, --attributes	要导出的特定属性
--hints	用于修改查询的查询提示
--index	用于运行查询的特定索引

export 命令支持以多种格式导出数据，相关参数详情如表 2-18 所示。

表 2-18　export 命令参数详情（*表示该参数是必需的）

参数	描述
-c, --catalog *	存储 Schema 元数据的目录表

续表

参数	描述
-f, --feature-name *	Schema 的名称
-q, --cql	用于选择导出要素的 CQL 过滤器
-a, --attributes	用于导出属性的逗号分隔列表
--attribute	用于导出复杂属性
-m, --max-features	限定导出 Features 的最大数量
-F, --output-format	用于导出的输出格式
-o, --output	输出到文件，而非标准输出
--sort-by	按指定属性排序
--sort-descending	降序排序，而不是默认的升序
--hints	用于修改查询的查询提示
--index	用于运行查询的特定索引
--no-header	对于 CSV 和 TSV 格式，取消正常的列标题
--suppress-empty	如果没有导出特征，不写入任何标题或其他输出
--gzip	用于输出的 gzip 压缩级别，从 1 到 9
--chunk-size	将输出的数据结果拆分为给定大小的多个文件
--run-mode	在本地运行或作为分布式 map/reduce 作业运行
--num-reducers	在分布式模式下运行时指定 reduces 的数量
--force	强制执行

2.2.5 分析命令

分析命令用于分析数据集。

stats-bounds 命令用于显示或计算 Schema 属性的边界，相关参数详情如表 2-19 所示。

表 2-19 stats-bounds 命令参数详情（*表示该参数是必需的）

参数	描述
-c, --catalog *	存储 Schema 元数据的目录表
-f, --feature-name *	Schema 的名称
-q, --cql	用于选择要素的 CQL 过滤器

续表

参数	描述
-a, --attributes	用于计算边界的特定属性
--no-cache	不使用缓存的统计信息

默认情况下，该命令将显示预先计算（缓存）的边界。缓存的边界可能不完全精确，但它们可以立即使用。如果我们在命令中添加--no-cache 参数，则该命令将通过对数据运行查询来计算边界。相比于缓存计算，该计算方式将以更大的时间成本，给出更加精确的结果。

stats-count 命令用来统计 Features 的数量特征，相关参数详情如表 2-20 所示。

表 2-20 stats-count 命令参数详情（*表示该参数是必需的）

参数	描述
-c, --catalog *	存储 Schema 元数据的目录表
-f, --feature-name *	Schema 的名称
-q, --cql	用于选择要素的 CQL 过滤器
--no-cache	不使用缓存的统计信息

与 stats-bounds 命令相同，默认情况下采用缓存的边界来估计数量，如果使用 no-cache 参数，则将通过对数据运行查询来计算，需要付出更大的时间成本。

stats-histogram 命令用来显示特定属性值的直方图，相关参数详情如表 2-21 所示。

表 2-21 stats-histogram 命令参数详情（*表示该参数是必需的）

参数	描述
-c, --catalog *	存储 Schema 元数据的目录表
-f, --feature-name *	Schema 的名称
-q, --cql	用于选择要素的 CQL 过滤器
-a, --attributes	用于计算边界的特定属性
--bins	用于划分直方图值的 bin 数量
--no-cache	不使用缓存的统计信息

bins 参数将确定如何划分直方图。例如，在统计一周的时间数据时，使用 7 个 bin（即保存统计结果的二进制数组）将按天分组。

stats-top-k 命令用来显示指定属性的最常见值，相关参数详情如表 2-22 所示。

表 2-22　stats-top-k 命令参数详情（*表示该参数是必需的）

参数	描述
-c, --catalog *	存储 Schema 元数据的目录表
-f, --feature-name *	Schema 的名称
-q, --cql	用于选择导出要素的 CQL 过滤器
-a, --attributes	计算值的特定属性
-k	要显示的最高值的数量
--no-cache	不使用缓存的统计信息

2.2.6　定义 SimpleFeatureType

在 GeoTools 中，数据是封装成要素的，同类型的要素是通过简单要素类（SimpleFeatureType）来进行管理的。在 GeoMesa 中，我们可以通过配置文件来定义 SimpleFeatureType，如代码清单 2-13 所示。以下代码定义了一个名为 example 的 SimpleFeatureType，它具有 4 个属性。

代码清单 2-13　SimpleFeatureType 定义示例

```
geomesa = {
  sfts = {
    example = {
      attributes = [
        { name = "name", type = "String", index = true             }
        { name = "age",  type = "Integer"                           }
        { name = "dtg",  type = "Date",   default = true,  index = true }
        { name = "geom", type = "Point",  default = true , srid = 4326  }
      ]
    }
  }
}
```

除了可以使用配置文件来定义 SimpleFeatureType，我们还可以将一个 SimpleFeatureType 定义为字符串。例如，name:String:index=true,age:Integer,dtg:Date:index=true:default=true,*geom:Point:srid=4326。

其中，每个属性的格式是 name:type，其中 name 为字段名称，type 为字段类型，并需要添加一个附带坐标信息的*geom 几何字段，字段之间用逗号分隔。

2.2.7　日志异常处理

每个 GeoMesa 二进制发行版中都调用了 SLF4J 日志记录功能。如果您的 Java 类路径上已经有 SLF4J 实现，则程序可能会出现依赖冲突的问题，并且必须排除其中一个 JAR。我们可以通过简单地删除捆绑的 lib/slf4j-log4j12-1.7.5.jar 来解决这个冲突。

请注意，如果没有安装 SLF4J 实现，日志记录将不起作用，如代码清单 2-14 所示。

代码清单 2-14　日志异常

```
SLF4J: Failed to load class "org.slf4j.impl.StaticLoggerBinder".
SLF4J: Defaulting to no-operation (NOP) logger implementation
SLF4J: See http://XXX/codes.html#StaticLoggerBinder for further details.
```

在这种情况下，您也可以下载 SLF4J，解压 slf4j-log4j12-1.7.5.jar 并将其放在 lib 二进制分发的目录中，就可以解决这个问题。

2.2.8　GeoMesa Scala 控制台

GeoMesa 工具提供的 scala-console 命令可以启动配置好的与 GeoMesa 一起使用的 Scala REPL（Read-Evaluate-Print-Loop）。该命令会将 GeoMesa 类路径和该发行版的配置放在 REPL 的类路径中。此外，该命令会预加载常用的导入配置。如果 Scala 语言版本不合适或不可用，该工具还会提供下载和运行适当版本 Scala 的选项。

以下示例通过 GeoMesa FileSystem Quick Start 展示 FileSystem 数据存储的流程，并展示如何使用 scala-console 命令连接 DataStore、发现 Simple、获取 Schema 和查询数据。

首先我们运行命令，如代码清单 2-15 所示，这将启动 Scala REPL 并提供我们需要的所有资源。

代码清单 2-15　启动 Scala 控制台

```
$ bin/geomesa-fs scala-console

Loading /tmp/geomesa-fs_2.11-2.0.0-SNAPSHOT/conf/.scala_repl_init...
import org.geotools.data._
import org.geotools.filter.text.ecql.ECQL
import org.opengis.feature.simple._
import org.locationtech.geomesa.utils.geotools.SimpleFeatureTypes
import org.locationtech.geomesa.features.ScalaSimpleFeature
import org.locationtech.geomesa.utils.collection.SelfClosingIterator
import scala.collection.JavaConversions._

Welcome to Scala 2.11.8 (Java HotSpot(TM) 64-Bit Server VM, Java 1.8.0_101).
Type in expressions for evaluation. Or try :help.

scala>
```

接下来，我们编写 Scala 代码，如代码清单 2-16 所示，连接 FileSystem DataStore。

代码清单 2-16　编写 Scala 代码连接 FileSystem DataStore

```
scala> val dsParams = Map("fs.path" -> "file:///tmp/fsds/", "fs.encoding" -> "parquet")
dsParams: scala.collection.immutable.Map[String,String] = Map(fs.path ->
file:///tmp/fsds/, fs.encoding -> parquet)

scala> val ds = DataStoreFinder.getDataStore(dsParams)
ds: org.geotools.data.DataStore =
org.locationtech.geomesa.fs.FileSystemDataStore@27a7ef08
```

现在我们进行一些简单的操作，以查看数据库中存储了哪些 SimpleFeatureType 和 Schema，如代码清单 2-17 所示。

代码清单 2-17　编写 Scala 代码获取 SimpleFeatureType 信息

```
scala> ds.getTypeNames()
res0: Array[String] = Array(gdelt-quickstart)

scala> val sft = ds.getSchema("gdelt-quickstart")
sft:    org.opengis.feature.simple.SimpleFeatureType    =    SimpleFeatureTypeImpl
gdelt-quickstart  identified  extends  Feature(GLOBALEVENTID:GLOBALEVENTID,  Actor1Name:
Actor1Name,Actor1CountryCode:Actor1CountryCode,Actor2Name:Actor2Name,Actor2CountryCode
:Actor2CountryCode,EventCode:EventCode,NumMentions:NumMentions,NumSources:NumSources,N
umArticles:NumArticles,ActionGeo_Type:ActionGeo_Type,ActionGeo_FullName:ActionGeo_Full
Name,ActionGeo_CountryCode:ActionGeo_CountryCode,dtg:dtg,geom:geom)
```

为了对数据进行采样，我们构造 Query 对象和 FeatureReader 对象，然后运行查询，如代码清单 2-18 所示。

代码清单 2-18　编写 Scala 代码查询数据

```
scala> val query = new Query(sft.getName.toString())
query: org.geotools.data.Query =
Query:
   feature type: gdelt-quickstart
   filter: Filter.INCLUDE
   [properties: ALL ]

scala> val reader = ds.getFeatureReader(query, Transaction.AUTO_COMMIT)
reader:
org.geotools.data.FeatureReader[org.opengis.feature.simple.SimpleFeatureType,
org.opengis.feature.simple.SimpleFeature] =
org.geotools.data.simple.DelegateSimpleFeatureReader@7bd96822
```

接下来，我们使用 FeatureReader，输出查询结果，如代码清单 2-19 所示。

代码清单 2-19　编写 Scala 代码输出查询结果

```
scala> while (reader.hasNext()) { println(reader.next().toString()) }
ScalaSimpleFeature:719024956:719024956|||GANG||120|6|1|6|1|Brazil|BR|Sun    Dec    31
19:00:00 EST 2017|POINT (-55 -10)
ScalaSimpleFeature:719024898:719024898|||SYDNEY|AUS|010|14|2|14|4|Sydney, New South
Wales, Australia|AS|Sun Dec 31 19:00:00 EST 2017|POINT (151.217 -33.8833)
ScalaSimpleFeature:719024882:719024882|SECURITY
COUNCIL||PYONGYANG|PRK|163|2|1|2|1|Russia|RS|Sun Dec 24 19:00:00 EST 2017|POINT (100 60)
ScalaSimpleFeature:719024881:719024881|||RUSSIA|RUS|042|2|1|2|3|Allegheny    County,
Pennsylvania, United States|US|Sun Dec 24 19:00:00 EST 2017|POINT (-80.1251 40.6253)
ScalaSimpleFeature:719025149:719025149|ARGENTINE|ARG|DIOCESE||010|1|1|1|4|Corrient
es, Corrientes, Argentina|AR|Sun Dec 31 19:00:00 EST 2017|POINT (-58.8341 -27.4806)
...
```

最后，需要关闭连接，如代码清单 2-20 所示。

代码清单 2-20　编写 Scala 代码关闭连接

```
scala> reader.close()

scala> ds.dispose()
```

2.2.9　GeoTools 命令行工具

GeoMesa GeoTools 发行版包括一组命令行工具，可以与大多数非 GeoMesa 数据存储一起使用，以提供 Feature 管理、插入和导出功能。这个工具允许将 GeoMesa 转换器和输出编码用于非 GeoMesa 数据存储。

1. 安装

GeoMesa GeoTools 组件（geomesa-gt）可供下载或从源码编译。其最简单的获取方法之一是从 GitHub 下载最新的二进制版本，如代码清单 2-21 所示。在以下示例中，替换 ${TAG}为相应的 GeoMesa 版本号（例如 3.2.0），以及将${VERSION}替换为适当的 Scala 和 GeoMesa 版本号（例如 2.12-3.2.0）。

代码清单 2-21　获取 GeoMesa GeoTools 组件

```
# download and unpackage the most recent distribution:
$ wget
"https://XXX/geomesa/releases/download/geomesa-${TAG}/geomesa-gt_${VERSION}-bin.tar.gz"
$ tar xvf geomesa-gt_${VERSION}-bin.tar.gz
$ cd geomesa-gt_${VERSION}
$ ls
bin/  conf/  dist/  docs/  examples/  lib/  LICENSE.txt logs/
```

2. 设置命令行工具

安装 geomesa-gt 后,可以通过运行位于二进制发行版中的脚本 geomesa-gt_${VERSION}/bin/ 来调用命令行工具。这些工具附带一些默认的 GeoTools DataStore,例如对 PostGIS 和 shapefile 的支持。对于其他数据源,您需要将相应的 JAR 包复制到 lib 目录中。环境变量可以在 conf/*-env.sh 中指定,依赖版本可以在 conf/dependencies.sh 中指定。geomesa-gt 会从 $GEOMESA_EXTRA_CLASSPATHS 环境变量中加载 JAR 包至类路径。我们可以通过运用 geomesa-gt classpath 命令检查当前正在使用的 JAR 包。

接下来,我们还需要单独安装用于支持 shapefile 的依赖项,如代码清单 2-22 所示。

代码清单 2-22　安装用于支持 shapefile 的依赖项

```
$ ./bin/install-shapefile-support.sh
```

不带参数运行 geomesa-gt 以确认组件能够成功运行,如代码清单 2-23 所示。

代码清单 2-23　确认 geomesa-gt 成功运行

```
$ bin/geomesa-gt
INFO  Usage: geomesa-gt [command] [command options]
  Commands:
  ...
```

3. 设置 MapReduce 分布式处理功能

GeoMesa 支持为数据插入和导出运行 map/reduce 作业。如果您在本地安装了 Hadoop, 命令行工具将读取$HADOOP_HOME 环境变量以为 Hadoop 加载适当的 JAR 包。如果您没有在本地安装 Hadoop,为了运行分布式作业,您需要手动将 Hadoop 配置文件安装到 conf 目录中,并将 Hadoop 相关 JAR 包安装到 lib 目录中。要安装 JAR,请使用随发行版提供的脚本,如代码清单 2-24 所示。

代码清单 2-24　启动脚本拉取 JAR 包

```
$ ./bin/install-dependencies.sh lib
```

如果您为任何其他 DataStore 安装了 JAR,则需要通过修改 JAR 中 lib/geomesa-gt-tools_${VERSION}.jar 的 org/locationtech/geomesa/geotools/tools/gt-libjars.list,将新增的 JAR 包添加到 Hadoop libjars 路径中。

4. 一般参数设置

执行大多数命令时都要求您指定与 DataStore 的连接。参数可以使用 --param 参数传入,可以重复使用以指定多个参数,或者使用--params 参数以指定包含参数的 Java 属性文件。

这对于简化命令调用、隐藏 bash 历史记录和进程列表中的敏感参数可能很有用。如果同时使用--param 和--params，则前者指定的参数将优先于后者在属性文件中指定的参数。

例如，要连接 PostGIS DataStore，如代码清单 2-25 所示。

代码清单 2-25　编写 Scala 代码连接 PostGIS DataStore

```
$ ./bin/install-dependencies.sh lib
$ bin/geomesa-gt export --param dbtype=postgis --param host=localhost \
  --param user=postgres --param passwd=postgres --param port=5432 \
  --param database=example --feature-name gdelt
```

2.3　快速入门

在掌握了一些简单的命令行工具后，我们可以通过官方提供的 GeoMesa-HBase Quick Start 项目进行快速入门。

在您的机器上选择一个合适的目录，然后拉取 Quick Start 项目代码到服务器中。在最终运行之前，还需要对源码进行编译，如代码清单 2-26 所示。

代码清单 2-26　编译 GeoMesa-HBase 的示例

```
$ mvn clean install -pl geomesa-tutorials-hbase/geomesa-tutorials-hbase-quickstart
-am
```

接着执行运行命令，如代码清单 2-27 所示。

代码清单 2-27　运行 Quick Start 项目

```
java -cp
geomesa-tutorials-hbase/geomesa-tutorials-hbase-quickstart/target/geomesa-tutorials
-hbase-quickstart-$VERSION.jar \
    org.geomesa.example.hbase.HBaseQuickStart \
    --hbase.zookeepers <zookeepers>              \
    --hbase.catalog <table>
```

其中，用户需要提供以下参数。

zookeepers 代表 ZooKeeper 集群信息。如果 HBase 以单机模式安装，那么该参数为 localhost。对于已经将 hbase-site.xml 设为 GeoMesa 能够访问的情况（按照 2.1 节完成安装），则可以不提供该参数。不过依然建议提供该参数。

table 代表目录的名称，用于存放测试数据。

需要注意的是，在提供 zookeepers 时，一定要保证本机和其他机器的网络通畅，如果在本地测试，服务器集群内的机器只有内网地址没有外网地址，可能会出现找不到 ZooKeeper 节点的问题。

您还可以让 Quick Start 程序执行完成时自动删除其生成的数据。运行时使用--cleanup 标志来启用此行为。

运行后，tutorial 的输出如代码清单 2-28 所示。

代码清单 2-28　tutorial 的输出

```
Loading datastore

Creating schema:
GLOBALEVENTID:String,Actor1Name:String,Actor1CountryCode:String,Actor2Name:String,
Actor2CountryCode:String,EventCode:String,NumMentions:Integer,NumSources:Integer,NumAr
ticles:Integer,ActionGeo_Type:Integer,ActionGeo_FullName:String,ActionGeo_CountryCode:
String,dtg:Date,geom:Point:srid=4326

Generating test data

Writing test data
Wrote 2356 features

Running test queries
Running query BBOX(geom, -120.0,30.0,-75.0,55.0) AND dtg DURING
2017-12-31T00:00:00+00:00/2018-01-02T00:00:00+00:00
01  719027236=719027236|UNITED   STATES|USA|INDUSTRY||012|1|1|1|3|Central   Valley,
California, United States|US|2018-01-01T00:00:00.000Z|POINT (-119.682 34.0186)
...
10 719027141=719027141|ALABAMA|USA|JUDGE||172|8|1|8|2|Nevada, United
States|US|2018-01-01T00:00:00.000Z|POINT (-117.122 38.4199)

Returned 669 total features

Running query BBOX(geom, -120.0,30.0,-75.0,55.0) AND dtg DURING
2017-12-31T00:00:00+00:00/2018-01-02T00:00:00+00:00
Returning attributes [GLOBALEVENTID, dtg, geom]
01 719027208=719027208|2018-01-01T00:00:00.000Z|POINT (-89.6812 32.7673)
...
10 719026951=719026951|2018-01-01T00:00:00.000Z|POINT (-82.0193 34.146)

Returned 669 total features

Running query EventCode = '051'
01 719024909=719024909|||MELBOURNE|AUS|051|10|1|10|4|Melbourne, Victoria,
Australia|AS|2018-01-01T00:00:00.000Z|POINT (144.967 -37.8167)
```

```
...
10 719026938=719026938|PITTSBURGH|USA|||051|5|1|5|3|York County, Pennsylvania,
United States|US|2018-01-01T00:00:00.000Z|POINT (-77 40.1254)

Returned 138 total features

Running query EventCode = '051' AND dtg DURING
2017-12-31T00:00:00+00:00/2018-01-02T00:00:00+00:00
Returning attributes [GLOBALEVENTID, dtg, geom]
01 719024909=719024909|2018-01-01T00:00:00.000Z|POINT (144.967 -37.8167)
...
10 719026938=719026938|2018-01-01T00:00:00.000Z|POINT (-77 40.1254)

Returned 138 total features

Cleaning up test data
Done
```

此时，GeoMesa-HBase 的 Quick Start 项目就已经运行成功了。如果出错，说明 GeoMesa 没有安装成功，或者底层的 HDFS、HBase 出现问题，要根据错误提示具体分析。

查看 HBase 中的数据，相关的表共有 5 个，如代码清单 2-29 所示。

代码清单 2-29　HBase 中的具体表

```
hbase(main):019:0> list

TABLE
geomesa-hbase-test01
geomesa-hbase-test01_gdelt_2dquickstart_attr_v5
geomesa-hbase-test01_gdelt_2dquickstart_id
geomesa-hbase-test01_gdelt_2dquickstart_z2_v2
geomesa-hbase-test01_gdelt_2dquickstart_z3_v2
```

其中 geomesa-hbase-test01 表用于记录表的信息，如表 2-23 所示。

表 2-23　GeoMesa HBase 底层物理表的描述

表名	描述
geomesa-hbase-test01_gdelt_2dquickstart_attr_v5	ATTR 索引表
geomesa-hbase-test01_gdelt_2dquickstart_id	ID 索引表
geomesa-hbase-test01_gdelt_2dquickstart_z2_v	空间索引表（经纬度）
geomesa-hbase-test01_gdelt_2dquickstart_z3_v2	时间空间索引表

2.4 通过 Java API 使用 GeoMesa-HBase

除了通过命令行使用 GeoMesa-HBase，用户也可以通过编码的方式来使用。由于 GeoMesa-HBase 主要是用 Scala 开发的，因此其应用程序接口（Application Program Interface，API）以 Java 为主，本节主要介绍的就是通过 Java API 使用 GeoMesa-HBase 的方法。

2.4.1 Maven 的配置与使用

在操作系统中配置好 Maven 后，为方便项目开发，我们还需要在 IDEA 中进行 Maven 的配置。打开 IDEA，在【File】→【Settings】→【Build,Execution,Deployment】→【Build Tools】→【Maven】中，将 Maven 的用户配置文件 User setting file 和本地仓库 Local repository 分别更改为已安装 Maven 中 setting.xml 文件和用于存储 JAR 包的路径。

在 IDEA 中配置好 Maven 后，通过 Maven 创建项目，具体操作为，单击【File】→【New Project】，在弹出窗口左侧选择 Maven，根据自己的需要选择一些模板后，最终完成创建。

此时的新项目中有 pom.xml 文件，这是用来添加依赖的。在本例中，我们将展示如何添加 GeoMesa 依赖。

在 pom.xml 中添加 GeoMesa 依赖，如代码清单 2-30 所示。

代码清单 2-30　GeoMesa 依赖配置

```
<dependency>
    <groupId>org.locationtech.geomesa</groupId>
    <artifactId>geomesa-utils_${scala.version}</artifactId>
    <version>${geomesa.version}</version>
</dependency>
<dependency>
    <groupId>org.locationtech.geomesa</groupId>
    <artifactId>geomesa-hbase-datastore_${scala.version}</artifactId>
    <version>${geomesa.version}</version>
</dependency>
```

等待 Maven 将依赖下载到本地仓库后，我们可以发现在【External Libraries】菜单中存在 GeoMesa 的 API，此时就完成了通过 Maven 创建 GeoMesa 项目并添加 GeoMesa 依赖。

2.4.2 Java API 的使用示例

前面已借助 Quick Start 插入了数据，我们可以对该数据进行简单的统计。使用 Java API 来构建连接对象的代码逻辑如代码清单 2-31 所示。使用 GeoMesa-HBase，一般都是先连接至 DataStore，再在此基础上进行下一步操作。注意，test 需要替换为 Quick Start 中自定义的 catalog 名称。

代码清单 2-31 使用 Java API 来构建连接对象

```java
public void mkConnection() throws IOException {
    HashMap<String, String> params = new HashMap<>();

    params.put(
        "hbase.zookeepers",
        "geomesa-cookbook01:2181,geomesa-cookbook02:2181,geomesa-cookbook03:2181"
    );
        params.put(
            "hbase.catalog","test"
        );

        this.dataStore = DataStoreFinder.getDataStore(params);
    }
```

实现统计功能。利用 query 查询对象，输入 Quick Start 中固定的要素类名称 gdelt-quickstart，进行要素数量统计，如代码清单 2-32 所示。

代码清单 2-32 使用 Java API 来查询空间对象

```java
public void doQueryCounts() throws IOException {
    Query query = new Query("gdelt-quickstart");

    query.getHints().put(QueryHints.STATS_STRING(),"Count()");

    FeatureReader<SimpleFeatureType, SimpleFeature> featureReader =
            this.dataStore.getFeatureReader(query,Transaction.AUTO_COMMIT);

                while (featureReader.hasNext()) {
                    System.out.println(featureReader.next());
            }
        }
```

释放资源。在操作完成后，需要释放相关的资源，如代码清单 2-33 所示。

代码清单 2-33 释放 GeoMesa 连接资源

```java
public void clsConnection() { this.dataStore.dispose();}
```

输出查询结果，如代码清单 2-34 所示。

代码清单 2-34 输出查询结果

```
ScalaSimpleFeature:stat:{"count":2356}|POINT (0 0)
```

本节借助 Quick Start 插入的数据，利用 Java API 编写简单代码，实现对简单要素数量的统计。

2.5　本章小结

本章通过一系列的代码示例，简单介绍了 GeoMesa-HBase 的安装、通过命令行使用和通过 Java API 使用 GeoMesa-HBase 的方法。首先，在 GitHub 下载 3.2.0 版本的 GeoMesa-HBase 后，在服务器上安装并成功搭建了完全分布模式的 GeoMesa-HBase；然后，通过命令行使用 GeoMesa-HBase 进行简单的 Schema 增删改查以及其他操作；最后，在本地机器的 IDEA 上利用 Maven 引入与 GeoMesa 相关的 JAR 包，并利用 API 实现了一个要素类中所有要素数量的统计。

第 **3** 章

GeoTools 基本概念

地理空间信息是对物理空间实体的抽象，包括定位信息与属性信息。对其抽象性、综合性、空间性等特征的描述是人类社会发展的基础。在此基础上，GIS 应运而生，它综合了测绘学、制图学和计算机科学等学科优势，涵盖地理空间信息的收集、输入、分析与存储等功能。在智慧城市理念盛行的今天，以数字化和信息化为基础的开发管理技术是必不可少的。而 GIS 则恰恰满足智慧城市数字化建设的需求，这些需求包括对空间数据信息的分析与处理、实现对空间数据可视化利用。完善的 GIS 不仅能够满足智慧城市的信息化与数字化需求，同时也能推动智慧城市建设。

而对于 GeoMesa 来说，用于表征地理事物的点、线和面等形状要素为其基本的数据模型单位，而这些数据模型来自 GeoTools。因此，了解和掌握 GeoTools，学习关于传统矢量数据的概念、模型和代码使用方式，能够加深我们对 GeoMesa 的认识和运用。

3.1 空间矢量数据概述

我们常见的空间数据可以分为矢量数据和栅格数据，其中矢量数据是使用频率比较高的。基于矢量数据，业界已经产生了比较成熟的标准以及开源组件。为了帮助读者更好地理解相关的内容，本节会从矢量数据简介、OpenGIS 规范以及 GeoTools 概述这 3 个方面来进行介绍。

3.1.1 矢量数据简介

矢量数据模型，通常指用离散点表示点（Point）、线（LineString）、面（Polygon）这 3 种最基本数据类型，即同时存储空间关系与几何对象的数据文件。在地理坐标系中，我们通常用经、纬度来表示现实中的地理实体或事件位置，例如，用点表示人的位置，用线表示道路的走向，以及用面表示建筑的轮廓。矢量数据结构示意如图 3-1 所示。其中，每个空间对象（实体）都具有唯一的标识码，该标识码的作用是识别空间对象及其关联属性信息。

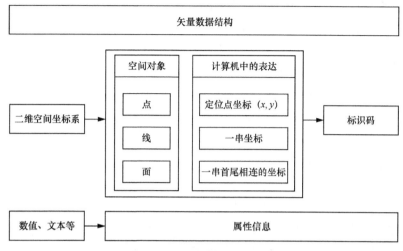

图 3-1　矢量数据结构示意

空间矢量数据模型有以下特点。

1. 数据离散性

在 GIS 中，采用具体的空间离散值，即用坐标来表征地理事物的具体空间位置。点用来描述地理事物中的兴趣点（Point of Interest，POI），如人群位置、房屋位置；线包括直线和曲线，主要用来表示道路、河流等，此外，还包括一些特殊曲线，如等值线；面用来描述一块连续的区域，如湖泊、地块、行政区等。

2. 拓扑关系性

对于矢量数据模型，由于其空间性、几何性等综合性质，需要采用几何信息来描述其在空间中的具体几何位置，也就是用拓扑关系来描述空间数据之间的连接、相交与保护等关系，从而更加清楚地表达空间数据之间的位置关系，以便进行空间分析。

3.1.2　OpenGIS 规范

OpenGIS 规范可以被认为是开放地理数据的互操作规范。该规范由 OpenGIS 协会，即 OGC 提出，该协会致力于打破传统 GIS 软件中地理数据的"无交互"问题，促进地理数据处理新技术和商业方法的互操作。简而言之，OpenGIS 规范就是用于对地理数据进行访问和处理的通用软件体系结构规范。

OpenGIS 规范旨在帮助开发人员在网络环境中访问各种地理数据。其目的是为开发人员提供一套具有规范开放接口的通用组件，可以帮助开发人员方便地访问各种地理数据和地理处理方法，建立透明的、分布的地理数据互操作环境。对比传统的 GIS 处理技术，基于 OpenGIS 规范的 GIS 类软件与服务具有更好的可扩展、跨平台等特性。

OpenGIS 规范中所包含的内容如下：

- 以数字信息表示地球和地理事物的统一方法；

- 采用一种访问、处理、可视化以及数据共享的通用模式；

- 使用 OpenGIS 数据模型和服务模式来解决交互性问题。

3.1.3　GeoTools 概述

目前，GIS 领域对空间矢量数据的处理技术已然成熟，并出现了许多第三方库，其中较为著名的开源组件当属 GeoTools。GeoTools 是开源的 Java 软件包，主要提供了对地理空间数据的访问、编辑、分析等符合 OpenGIS 规范的功能。因此理解并熟练运用 GeoTools 的 API，对于使用 GeoMesa 是十分重要的。

GeoTools 为用户提供了从数据访问到数据渲染的具体实现功能。许多的优秀 GIS 产品都架构于 GeoTools 之上，例如桌面 GIS 软件 uDig、优秀的 WebGIS 服务器 GeoServer 等。这离不开它良好的模块化组织结构和良好的可扩展性。

如图 3-2 所示，GeoTools 的架构展现出的是其组成部分的作用和各部分之间的配合关系。GeoTools 的上层模块的开发依赖于下层模块，这意味着上一层的模块需要用下一层的模块去具体实现。例如，我们要使用 data 模块，就必须添加相应的依赖（main、OpenGIS、metadata 等）。

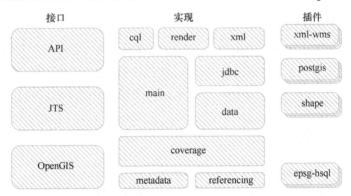

图 3-2　GeoTools 架构

在 GIS 中，存在着许多空间数据存储格式，例如 SHP、GeoJSON 等。为方便数据之间的相互转换与读取，GeoTools 提供了较多数据源的数据的访问方式，包括矢量数据、栅格数据、数据库连接等，具体支持的情况如表 3-1 所示。

表 3-1 GeoTools 模块

模块	具体的数据源	描述
data	shapefile	shape 格式数据的访问支持
	arcsde	ESRI ArcSDE 数据库的访问支持
xml	wfs	基于 WFS 的矢量数据的访问支持
	gml	对 GML 格式数据的访问支持
jdbc	db2	DB2 数据的访问支持
	mysql	MySQL 数据库的访问支持
	oracle-spatial	Oracle 数据库的访问支持
	postgis	PostGIS 数据库的访问支持
coverage	arcgrid	ArcGRID 栅格格式的访问支持
	geotiff	GeoTIFF 图像格式的访问支持
	wms	通过 WMS 获得的栅格数据的访问支持
	mif	MIF 格式文件的访问支持
referencing	epsg-access	以 Access 数据库存放的 EPSG 数据的访问支持
	epsg-hsql	遵循官方定义的 EPSG 数据的访问支持
	epsg-wkt	以 WKT 文件格式表示的 EPSG 数据的访问支持

在 GeoMesa 中,最重要的 3 个实例类分别为 DataStore、SimpleFeatureType 和 SimpleFeature,其对应的关系如图 3-3 所示。本章将分别介绍这 3 个实例类,以及讲解相应的代码,让读者对 GeoTools 和 GeoMesa 中空间矢量数据的存储、读写、编辑等方面更加熟悉。

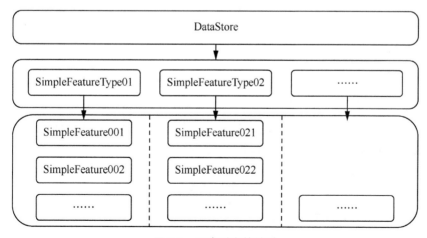

图 3-3 三者对应的关系

3.2　DataStore

在 GeoTools 中，数据源接口是通过 DataStore 来进行封装的，而且 GeoMesa 也对这个接口进行了复用，本节会对这个接口进行介绍。

3.2.1　DataStore 简介

在 GeoMesa 中，最重要的类之一就是 GeoTools 中的 DataStore。DataStore 是 GeoTools 中提供的对矢量数据进行访问的一个重要类，它提供了各式各样矢量格式的地理空间数据的读写权限、访问和存储功能，不过由于 DataStore 并不区分数据存储格式，因此，无论是访问本地存储的 SHP 文件，还是访问存储在 HBase 集群中的空间数据，其提供的 API 的使用方式均相同。此外，GeoMesa 还提供了几种不同的数据存储实现，包括 HBase、Accumulo、Kafka 等。

如图 3-4 所示，DataAccess 表示空间数据的存储位置或服务。

DataStore 提供了 DataAccess 的简便使用方式，并补充了一些额外的方法，允许用户使用简单字符串形式的要素类以访问数据内容。DataStore 接口是 DataAccess 的一个子接口，它提供处理 SimpleFeature 和 SimpleFeatureType 的方法。

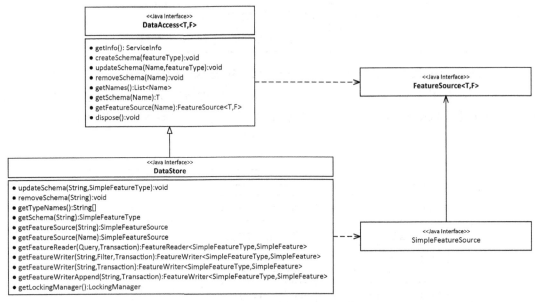

图 3-4　DataStore 类继承关系示意

3.2.2　DataStore 使用

在实际开发过程中，通常我们会使用 DataStoreFinder 类来加载与请求格式对应的插件。

我们可以利用 DataStore 接口来连接现有文件,例如我们将连接现有 shapefile 并返回一个 DataStore 对象以进行数据编辑。要对现有的 shapefile 进行增删改查,我们将使用 DataStoreFinder 类进行连接,如代码清单 3-1 所示。

代码清单 3-1 使用 DataStore 获取文件中的数据

```
// 获取文件对象
File file = new File("example.shp");

// 添加配置
Map map = new HashMap();
map.put("url", file.toURL());

// 获取 DataStore 对象
DataStore dataStore = DataStoreFinder.getDataStore(map);
```

同样,我们还可以利用 DataStore 在文件中新建数据,如代码清单 3-2 所示。首先我们需要使用 FileDataStoreFinder 来对 SHP 文件进行匹配,然后获取对应的工厂对象以完成对 DataStore 对象的新建。

代码清单 3-2 使用 DataStore 创建数据

```
// 通过 SPI 机制获取对应的文件数据源读取工厂
FileDataStoreFactorySpi factory = FileDataStoreFinder.getDataStoreFactory("shp");

// 获取文件对象
File file = new File("my.shp");

// 构造配置信息
Map map = Collections.singletonMap("url", file.toURL());

// 新建数据源
DataStore myData = factory.createNewDataStore(map);
FeatureType featureType =
    DataUtilities.createType("my",
            "geom:Point,name:String,age:Integer,description:String");

        myData.createSchema(featureType);
```

3.3 SimpleFeatureType

在 OGC 标准中,简单要素标准(Simple Features Interface Standard,SFS)尤为重要,它主要用于描述通用的简单要素结构,例如简单点要素。SFS 共由两个具体部分组成,分别为通用结构(Common Architecture)以及对应的 SQL 实现方法。对于通用结构来说,它主要用于描述几何对象模型、文本描述（Well-known Text，WKT）、注记文字等信息数据。SFS 的具体集合对象模型如图 3-5 所示，包括常见的点（Point）、线（LineString）、面（Polygon）等。

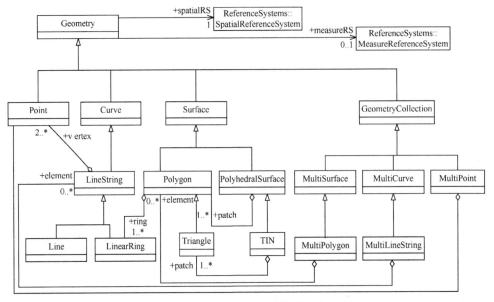

图 3-5　OGC 简单要素规范示意

GeoMesa 可以说是大数据中的 PostGIS，主要用来在存储和处理 GIS 数据时提供相应的索引，从而加快时空数据的存储和处理速度。GeoMesa 基于 GeoTools，其中最重要的两个概念就是 SimpleFeatureType 和 SimpleFeature。

3.3.1　SimpleFeatureType 概念

在 GIS 中，要素类 FeatureType 是具有相同几何特征（形状）的同类要素的集合（即点图层中的点、线图层中的线和面图层中的面），而 SimpleFeatureType 是 OGC 规范中使用离散化数值表示时空数据的数据结构封装。例如 LineString 和 Polygon 数据，通常使用几个特征点序列，而不使用函数表达式来描述要素空间信息。在 GeoTools 中，SimpleFeatureType 用来指定 Schema 的名称以及字段属性的类型，这类似于关系数据库的表定义。对于具体的表字段，SimpleFeatureType 通常采用表示属性名称和类型的结构化字符串来表达要素类名称和字段属性，例如 "id:Integer,name:String,geom:Point:srid=4326" 指定的就是 3 个字段名称及其属性。

SimpleFeatureType 中的 Simple 指的是其数据结构的平面性（二维），与之相对应的也存在复杂（Complex）的要素类，这类似于关系数据库中的连接（Join）。然而，复杂的要素类并没有得到广泛的使用或支持。

SimpleFeatureType 属性支持的数据类型如表 3-2 所示。

表 3-2 SimpleFeatureType 支持的数据类型

属性类型	绑定的数据结构	能否构建索引
String	java.lang.String	Yes
Integer	java.lang.Integer	Yes
Double	java.lang.Double	Yes
Long	java.lang.Long	Yes
Float	java.lang.Float	Yes
Boolean	java.lang.Boolean	Yes
UUID	java.util.UUID	Yes
Date	java.util.Date	Yes
Timestamp	java.sql.Timestamp	Yes
Point	org.locationtech.jts.geom.Point	Yes
LineString	org.locationtech.jts.geom.LineString	Yes
Polygon	org.locationtech.jts.geom.Polygon	Yes
MultiPoint	org.locationtech.jts.geom.MultiPoint	Yes
MultiLineString	org.locationtech.jts.geom.MultiLineString	Yes
MultiPolygon	org.locationtech.jts.geom.MultiPolygon	Yes
GeometryCollection	org.locationtech.jts.geom.GeometryCollection	Yes
Geometry	org.locationtech.jts.geom.Geometry	Yes
List[A]	java.util.List	Yes
Map[A,B]	java.util.Map<A, B>	No
Bytes	byte[]	No

3.3.2 SimpleFeatureType 使用

在了解 SimpleFeatureType 的简单定义后，我们可以通过 GeoMesa 中的 SimpleFeaturesTypes 和 GeoTools 中的 SimpleFeatureTypeBuilder 进行要素类的创建，在此我们举一个通过 SimpleFeaturesTypes 来构建 SimpleFeatureType 对象的例子，如代码清单 3-3 所示，其中用到 String 类型的 name 字段、Integer 类型的 classification 字段、Double 类型的 height 字段、Point 类型的 location 几何字段、WGS-84 坐标系。

代码清单 3-3 使用 DataStore 创建要素类对象

```
public SimpleFeatureType mkFeatureType() {

    SimpleFeatureTypeBuilder typeBuilder = new SimpleFeatureTypeBuilder();
```

```
//构建要素类名称
typeBuilder.setName("Flag");

typeBuilder.add("name",String.class);
typeBuilder.add("classification",Integer.class);
typeBuilder.add("height",Double.class);

//定义要素类坐标系
typeBuilder.setCRS(DefaultGeographicCRS.WGS84);
typeBuilder.add("location", Point.class);

return typeBuilder.buildFeatureType();
}
```

3.4　SimpleFeature

　　在 GeoTools 中，还有一个非常重要的概念就是 SimpleFeature，它是数据封装的基本单元。本节会从概念和使用两个方面来对其进行介绍。

3.4.1　SimpleFeature 概念

　　在 GIS 中，要素（Feature）就是能代表物理实体的基本单位。地图中主要包括点、线和面三要素，这是空间数据中最基本的、不可分割的单位，每个要素和表格中的记录存在一一对应的关系。SimpleFeature 是一种结构数据类型，相当于关系数据库表中的一行。每个 SimpleFeature 都与一个 SimpleFeatureType 关联，并具有唯一标识符和与 SimpleFeatureType 中的属性相对应的值列表，其类继承关系如图 3-6 所示。

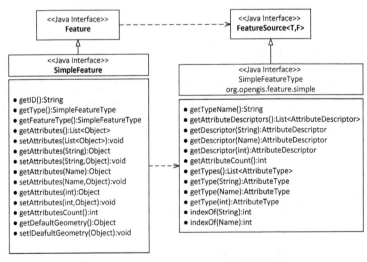

图 3-6　SimpleFeatureType 类继承关系

当然 SimpleFeature 的使用也是有一些限制的。

- SimpleFeature 的属性仅限于 GeometryAttribute 和 Attribute 中，且不允许出现复杂属性和多重性。

- SimpleFeature 的属性值可以为空，但必须留有位置表达其对应的值。

3.4.2 SimpleFeature 使用

在了解 SimpleFeature 的定义后，下面我们利用 GeoTools 的 SimpleFeatureBuilder 进行要素对象的构建，如代码清单 3-4 所示。

代码清单 3-4 构建要素对象的方法

```
public Feature mkFeature(SimpleFeatureType featureType) {
    SimpleFeatureBuilder featureBuilder = new SimpleFeatureBuilder(featureType);

    featureBuilder.add("Canada");
    featureBuilder.add(1);
    featureBuilder.add(20.5);

    GeometryFactory geometryFactory = JTSFactoryFinder.getGeometryFactory();
    Point point = geometryFactory.createPoint(new Coordinate(112, 35));

    featureBuilder.add(point);

    return featureBuilder.buildFeature("fid.1");
}
```

在这段代码中，我们通过 SimpleFeatureBuilder 在已构建好的 SimpleFeatureType 基础上添加了一行记录，即 SimpleFeature。其中，为 name 字段添加了 " Canada "，为 classification 字段添加了 1，为 height 字段添加了 20.5，为 location 几何字段添加了(112,35)坐标值，最后添加了自定义 ID 即 fid.1。

3.5 GeoTools 的内部逻辑

前文中单独介绍了三层概念，分别是数据源（DataStore）、要素类（SimpleFeatureType）、要素（SimpleFeature），它们之间是如何交互的呢？一般我们在使用时，需要先获取与数据源匹配的 DataStore 实例，然后创建 SimpleFeatureType，也就是 Schema 对象，最后完成要素数据的增删改查。

3.5.1 获取 DataStore 实例

GeoMesa 官网指出，DataStore 应该通过 DataStoreFinder 类中的 getDataStore 函数获取。该函数采用参数映射，用于动态加载数据存储。例如，如果需要加载 GeoMesa-HBase DataStore，则需要利用 Map 变量添加键参数 hbase.catalog，如代码清单 3-5 所示。不过需要注意的是，相应的数据存储实现及其所有必需的依赖项必须位于类路径上。

不仅如此，GeoMesa 数据存储是线程安全的（尽管并非数据存储上的所有方法都返回线程安全对象）。但通常来说，DataStore 应该仅被加载一次，在之后的代码逻辑中可以重复调用，当该 DataStore 不再被需要时，应通过调用 dispose 方法进行 DataStore 线程的清理与关闭。

代码清单 3-5　DataStore 实例的构建方法

```
import org.geotools.data.DataStore;
import org.geotools.data.DataStoreFinder;
import org.locationtech.geomesa.hbase.data.HBaseDataStoreParams;

Map<String, String> parameters = new HashMap<>();

parameters.put(HBaseDataStoreParams.HBaseCatalogParam().key, "mycatalog");
DataStore store = null;
try {
    store = DataStoreFinder.getDataStore(parameters);
} catch (IOException e) {
    e.printStackTrace();
}
// 当程序执行完成时，要确保数据源被清理
if (store != null) {
    store.dispose();
}
```

3.5.2 创建 Schema

每个 DataStore 中可以包含许多 SimpleFeatureType，即 Schema。我们可以通过 getTypeNames 和 getSchema 方法列出 DataStore 中的所有的 Schema，如代码清单 3-6 所示。不仅如此，我们还可以使用 createSchema、updateSchema 和 removeSchema 等方法来对 Schema 进行增删改查。

代码清单 3-6　Schema 的构建方法

```
import org.locationtech.geomesa.utils.interop.SimpleFeatureTypes;
import org.opengis.feature.simple.SimpleFeatureType;
```

```
try {
    String[] types = store.getTypeNames();
    boolean exists = false;
    for (String type: types) {
        if (type.equals("purchases")) {
            exists = true;
            break;
        }
    }
    if (!exists) {
        SimpleFeatureType myType =
                SimpleFeatureTypes.createType(
                    "purchases",
"item:String,amount:Double,date:Date,location:Point:srid=4326");
        store.createSchema(myType);
    }
} catch (IOException e) {
    e.printStackTrace();
}
```

3.5.3　数据写入

DataStore 支持逐行写入数据。在 GeoMesa 中，存在两种不同的数据写入方式，分别是追加写入和修改写入。需要密切注意本小节中 PROVIDED_FID 的使用，其掌控着每个要素 ID 的取得方式。

某些 DataStore 支持事务，并可用于隔离各组数据之间的操作。但 GeoMesa 不支持事务，因此在示例中使用 GeoTools 中 Transaction.AUTO_COMMIT 默认的事务。通常，一旦数据写入流程完成并关闭线程，数据就会持久化到底层存储中，而在这之前，数据可能会在本地缓存和缓冲中，并且可能不会持久化或用于查询。

1. 追加写入

我们可以通过使用 getFeatureWriterAppend 方法来获得追加写入实例。数据写入（Feature Writer）实例与迭代器（Iterator）类似，当想对下一个要素进行操作时，调用 next 方法将游标由当前操作的数据移动至下一个数据，随后调用 write 方法将数据持久化至底层存储。在所有写入流程完成后，数据写入实例应该关闭线程。

用于唯一标识特征的 ID 称为要素（Feature）ID 或 FID。默认情况下，GeoTools 将为每个要素生成新的要素 ID。若要指定要素 ID，请在用户要素数据中设置 PROVIDED_FID，如代码清单 3-7 所示。注意，使用追加写入实例多次写入相同的要素 ID 是存在逻辑错误的，这将可能会造成持久化数据不一致。

追加写入可以用 Java 和 Scala 两种语言实现，其中 Java 版本的实现如代码清单 3-7 所示。

代码清单 3-7　追加写入的 Java 代码示例

```java
import org.geotools.data.FeatureWriter;
import org.geotools.data.Transaction;
import org.geotools.util.factory.Hints;
import org.opengis.feature.simple.SimpleFeature;
import org.opengis.feature.simple.SimpleFeatureType;

try (FeatureWriter<SimpleFeatureType, SimpleFeature> writer =
        store.getFeatureWriterAppend("purchases", Transaction.AUTO_COMMIT)) {

    SimpleFeature next = writer.next();
    next.getUserData().put(Hints.PROVIDED_FID, "id-01");
    next.setAttribute("item", "swag");
    next.setAttribute("amount", 20.0);

    next.setAttribute("date", "2020-01-01T00:00:00.000Z");
    next.setAttribute("location", "POINT (-82.379 34.1782)");
    writer.write();
} catch (IOException e) {
    e.printStackTrace();
}
```

追加写入也可以利用 Scala 代码来实现，如代码清单 3-8 所示。

代码清单 3-8　追加写入的 Scala 代码示例

```scala
import org.geotools.util.factory.Hints

val writer = store.getFeatureWriterAppend("purchases", Transaction.AUTO_COMMIT)
try {

  val next = writer.next()
  next.getUserData.put(Hints.PROVIDED_FID, "id-01")
  next.setAttribute("item", "swag")
  next.setAttribute("amount", 20.0)

  next.setAttribute("date", "2020-01-01T00:00:00.000Z")
  next.setAttribute("location", "POINT (-82.379 34.1782)")
  writer.write()
} finally {
  writer.close()
}
```

实现追加写入的另一种方法是使用 FeatureStore 类。GeoTools 将 FeatureSource 定义为只读。FeatureStore 扩展了 FeatureSource 并提供写入功能，但必须对强制转换进行类型检查，如代码清单 3-9 所示。

代码清单 3-9 通过 FeatureStore 来实现追加写入

```
import org.geotools.data.simple.SimpleFeatureCollection;
import org.geotools.data.simple.SimpleFeatureSource;
import org.geotools.data.simple.SimpleFeatureStore;
import org.geotools.feature.DefaultFeatureCollection;

try {
    SimpleFeatureSource source = store.getFeatureSource("purchases");
    if (source instanceof SimpleFeatureStore) {
        SimpleFeatureCollection collection = new DefaultFeatureCollection();

        ((SimpleFeatureStore) source).addFeatures(collection);
    } else {
        throw new IllegalStateException("Store is read only");
    }
} catch (IOException e) {
    e.printStackTrace();
}
```

2. 修改写入

为了更新现有 Feature，必须通过 getFeatureWriter 方法使用修改写入（Modifying Writer）实例，该方法需要指定要更新的功能的过滤器（Filter）。修改写入实例与追加写入实例类似，不同之处在于只要有其他 Feature 需要修改，hasNext 方法就会返回 true。调用 next 方法返回的 Feature 将预先填充每个要素的当前数据。过滤器可以通过 GeoTools 中的 ECQL.toFilter 方法进行创建。

利用 Java 实现 Feature 的修改写入如代码清单 3-10 所示。

代码清单 3-10 利用 Java 实现 Feature 的修改写入

```
import org.geotools.data.FeatureWriter;
import org.geotools.data.Transaction;
import org.geotools.filter.text.cql2.CQLException;
import org.geotools.filter.text.ecql.ECQL;
import org.opengis.feature.simple.SimpleFeature;
import org.opengis.feature.simple.SimpleFeatureType;

try (FeatureWriter<SimpleFeatureType, SimpleFeature> writer =
             store.getFeatureWriter("purchases", ECQL.toFilter("IN ('id-01')"),
Transaction.AUTO_COMMIT)) {
    while (writer.hasNext()) {
        SimpleFeature next = writer.next();
        next.setAttribute("amount", 21.0);
        writer.write();
    }
} catch (IOException | CQLException e) {
```

```
       e.printStackTrace();
    }
```

我们也可以用 Scala 来实现 Feature 的修改写入，如代码清单 3-11 所示。

代码清单 3-11　利用 Scala 实现 Feature 的修改写入

```
import org.geotools.data.Transaction
import org.geotools.filter.text.ecql.ECQL

val filter = ECQL.toFilter("IN ('id-01')")
val writer = store.getFeatureWriter("purchases", filter, Transaction.AUTO_COMMIT)
try {
  while (writer.hasNext) {
    val next = writer.next
    next.setAttribute("amount", 21.0)
    writer.write()
  }
} finally {
  writer.close()
}
```

3.5.4　数据读取

一旦数据被持久化，我们就可以通过 getFeatureReader 方法进行数据的读取。GeoTools 返回可能指向远程位置的读取结果“实时”迭代器。通常，在需要时才从备份存储中读取数据，因此可以读取一些记录，而无须获取整个结果集。为了过滤返回的结果，可以使用 CQL（公共查询语言）创建过滤器，如代码清单 3-12 所示。

代码清单 3-12　利用 Java 实现数据读取功能

```
import org.geotools.data.DataUtilities;
import org.geotools.data.FeatureReader;
import org.geotools.data.Query;
import org.geotools.data.Transaction;
import org.geotools.filter.text.cql2.CQLException;
import org.geotools.filter.text.ecql.ECQL;
import org.opengis.feature.simple.SimpleFeature;
import org.opengis.feature.simple.SimpleFeatureType;

try {
    Query query = new Query("purchases",
                            ECQL.toFilter("bbox(location,-85,30,-80,35)"));
    try (FeatureReader<SimpleFeatureType, SimpleFeature> reader =
            store.getFeatureReader(query, Transaction.AUTO_COMMIT)) {
        while (reader.hasNext()) {
            SimpleFeature next = reader.next();
```

```
         System.out.println(DataUtilities.encodeFeature(next));
      }
   }
} catch (IOException | CQLException e) {
   e.printStackTrace();
}
```

我们也可以利用 Scala 来实现数据读取功能,如代码清单 3-13 所示。

代码清单 3-13 利用 Scala 实现数据读取功能

```scala
import org.geotools.data.{DataUtilities, Query, Transaction}
import org.geotools.filter.text.ecql.ECQL

val query = new Query("purchases", ECQL.toFilter("bbox(location,-85,30,-80,35)"))
val reader = store.getFeatureReader(query, Transaction.AUTO_COMMIT)
try {
  while (reader.hasNext) {
    val next = reader.next
    println(DataUtilities.encodeFeature(next))
  }
} finally {
  reader.close()
}
```

3.6 本章小结

本章通过引入 GIS 的一些基础概念,结合 GeoMesa 和 GeoTools 在实际开发过程中的重点,介绍了 DataStore、SimpleFeatureType、SimpleFeature 这 3 个常见的类。首先,对 DataStore 的概念与特点进行了介绍,并利用 DataStoreFinder 从现有的 SHP 文件获取一个 DataStore 实例;然后,介绍了 SimpleFeatureType 的概念,并解释了 Simple 的含义,再利用 GeoMesa 和 GeoTools 提供的不同方式进行要素类的创建;最后,介绍了 SimpleFeature 的主要概念以及创建方法,并阐述了 SimpleFeature 与 SimpleFeatureType 之间的关系。希望这些内容能够使读者掌握 GeoTools 主要的数据类型概念以及 GeoTools 的操作方法,从而更好地使用 GeoMesa。

第 **4** 章

GeoMesa 的时空索引

GeoMesa 的核心能力是对海量时空数据进行管理,要具备这一能力就必然离不开对时空数据进行索引构建。在传统时空数据管理领域中,已有一些需要用空间索引来解决空间数据的索引问题,但是面对海量时空数据,索引仍然是一个比较新的领域,例如利用空间填充曲线构建静态稀疏索引,最终解决海量时空数据管理难题。GeoMesa 采用的便是静态稀疏索引,并基于键值存储对相关索引设计进行了实现,除此之外,GeoMesa 也提供了时空索引的扩展方式。

本章将从时空索引概述、GeoMesa 的索引实现、GeoMesa 的索引查询和 GeoMesa 的索引配置 4 个方面进行介绍。

4.1 时空索引概述

在传统时空数据管理中,时间信息和空间信息往往是分开管理的,因为时间信息是传统意义上的一维数据,但是空间信息却是二维数据,用户在进行查询时往往需要综合两个维度的信息。在这个过程中,出现了四叉树(Quadtree)、R 树(R-Tree)以及 K-D 树(K-Dimensional Tree,KD-Tree)这样的传统空间索引,这些索引大多是基于树形数据结构进行构建的,其优势是可以比较好地保留叶子节点中的数据顺序,在相对较小的数据体量下能够提供较好的查询性能。

但如今,随着大数据时代的到来,时空数据量膨胀,达到了 TB 和 PB 级别,在这种情况下,传统关系数据库中的存储引擎已经无法应对,只能使用大数据中比较常用的基于日志结构合并树(Log-Structured Merge-Tree,LSM-Tree)的键值数据库。但是上述的传统空间索引是很难嫁接到这种字典排序的键值数据库中的,因为键值数据库往往更适合以散列的方式来管理数据。因此在 GeoMesa 中,采用了另一种方式,即基于空间填充曲线来索引时空数据。

本节首先介绍索引的基础知识，然后对传统的空间索引进行概述，接着引入空间填充曲线的相关内容，最后介绍 Google（谷歌）的 S2 索引以及 Uber（优步）的 H3 索引。

4.1.1 索引的基础知识

大多查询仅涉及数据表中的少量数据，例如，查询方圆 100 m 内所有出租车的信息，如果系统读取数据表中的所有记录并逐个检查各记录是否满足条件，无疑是十分低效的。理想情况下，系统应能够直接定位满足条件的数据，为能够精准定位数据，就需设计与数据表相关的附加结构，也就是索引。

索引是对数据库表中数据进行预排序的一种结构，可帮助我们快速访问表中特定信息。通常将索引分为以下两种基本类型。

（1）顺序索引，即基于值的顺序排序。现在想象一本《现代汉语词典》，其汉语拼音音节索引就是典型的顺序索引，因为拼音音节是按照字母的顺序排列的，例如想查询"空"这个字，首先我们知道"空"的音节为"kōng"，然后找到该音节所对应的页码，最后去指定页码按顺序寻找即可，如图 4-1（a）所示。

（2）散列索引，即根据散列函数将值平均分布到对应若干散列桶中。而《现代汉语词典》的部首索引就是典型的散列索引，因为相同部首的汉字被归为同一类放在相同的检索区域，汉字的部首就是散列函数，例如还是查询"空"这个字，首先我们知道"空"的部首"穴"，然后去"穴"的区域查询"空"字所对应的页码，最后去指定页码即可找到"空"字的相关信息，如图 4-1（b）所示。

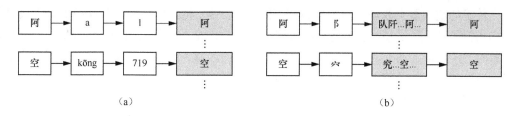

图 4-1　《现代汉语词典》（1999 年 10 月版本）的音节索引和部首索引

值得一提的是，没有哪种索引技术是最好的，只能说某种索引技术对于特定查询需求场景是最合适的，因为索引的初衷就是加快某类查询的速度。

在时空数据查询中，主要有以下 3 种查询需求：给定某时空对象，查询该对象的信息；给定某时空范围，查询该范围内的所有数据；查询所有的时空数据。

近年来，随着大数据时代的到来，键值数据库作为 NoSQL（Not Only SQL）数据库的一种，受到了广泛的关注，其使用键值对（Key-Value）数据结构来存储数据，其中键作为某条数据的全局唯一标识。以键值数据库 HBase 为例，其键称为 RowKey，是数据的唯一索引，可唯一定位一行数据，RowKey 的设计直接影响 HBase 的读写性能。事实上，HBase 中的数据行是按照 RowKey 的 ASCII 字典顺序进行全局排列的，RowKey 一般会存放一些关键的检索信息以用于后续的查询，故需根据数据特征和查询需求进行数据存储格式和内容的设计，从而尽量避免全表扫描，因为全表扫描效率低且损耗性能。HBase 通过 RowKey 支持以下 3 种基本操作：

（1）Get 操作，即通过单个 RowKey 直接定位某条记录；

（2）Scan 操作，即通过设置 RowKey 的开始键 StartRowKey 和结束键 EndRowKey，仅扫描二者限定范围内的数据，忽略范围外的数据；

（3）Full-Scan 操作，即直接扫描整张表的所有数据。

这 3 种操作正好对应 3 种常见的查询需求。

事实上，GeoMesa 就是基于键值存储来持久化数据的，通过对数据进行编码并设计其键值，将空间或时间相近的数据存储在物理位置接近的地方，从而可利用如 HBase 的 3 种基本操作，快速找到满足条件的数据。

总而言之，索引的构建原则就是尽量将"相似"的数据存储在物理位置相近的地方，索引的查询原则就是"先过滤后提纯"。

4.1.2 传统的空间索引

传统的空间索引原理大多为对整体空间进行分割，将整体空间不断递归划分为具有分层结构的树形独立子区域，然后将空间数据映射至其最小不可分空间中进行存储，查询某几何对象时，仅需从上到下，查找该层中包含该对象的区域，然后不断逐层递归查询当前层子节点，最终查询至叶子节点时，遍历其中的元素即可。本小节将重点介绍几种经典的空间索引方法，即四叉树、K-D 树和 R 树。

1. 四叉树

四叉树是一种对空间进行划分的数据结构，其将空间分为 4 个相等的矩形，然后将每个子矩形再次划分为 4 个相等的矩形，不断递归，达到指定的深度后停止划分。如图 4-2 所示，指定最大深度为 3，则递归划分 3 次空间，每次划分得到的子空间的编码长度等于空间的层数。

2. K-D 树

K-D 树的原理也比较简单，用一句话概括就是，递归依次选择一个维度将空间二分。如

图 4-3 所示，对 X 和 Y 两个维度不断轮询，选择其中一个点将空间按数据量二分，直至子空间中只存在单个数据，最终形成一棵二分查找树，查询时就可根据节点的值不断向下寻找。

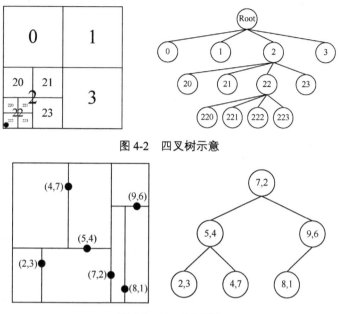

图 4-2　四叉树示意

图 4-3　K-D 树示意

3. R 树

最重要的空间索引系列算法之一便是 R 树，它由 Guttman 在 1984 年于数据管理国际会议（Special Interest Group on Management of Data，SIGMOD）上提出，是一种处理高维空间存储和查询问题的数据结构。R 树主要借鉴的是 B 树的思想，即对数据进行分割，以达到对数级的访问时间复杂度。

B 树是平衡树，先将一维数据按属性值映射至一维坐标系上，然后将一维直线划分为若干线段，当需查询某点时，仅需找到该点所在的线段。其中，"平衡"二字主要体现在划分时要尽量使得各个线段内包含的点数相等，即保证负载均衡，以防发生数据倾斜问题。综上，B 树的原理可用"先过滤后提纯"形容，即先找到解所在的大空间，再逐步缩小搜索空间，最后在一个最小不可分的空间中遍历以得到解。

如图 4-4 所示，一个典型的 B 树搜索会先根据点的属性值确定该点所在的线段，然后遍历该线段中所有的点，最终得到解。

图 4-4　B 树搜索示意

和 B 树一样，R 树采用了空间分割的原理，但不同于 B 树的线段分割，R 树定义了一种名为最小外接矩形（Minimum Bounding Rectangle，MBR）的数据结构来完成对空间的有效分割。值得一提的是，R 树名称中的 "R" 指的便是 Rectangle 的首字母。R 树从叶子节点开始用矩形将元素框住，节点越往上，框住的空间就越大，以此完成对空间的划分。

图 4-5 所示是 R 树在二维场景下的一个简单示例，图中有 6 个形状和位置各不相同的几何元素，在图中使用阴影表示，首先各自计算得到每个几何元素的 MBR，共计得到 6 个 MBR 的叶子节点 C、D、E、F、G 和 H，然后节点往上聚合，得到中间节点 A 和 B，最后节点再向上聚合，形成根节点 Root。查询的流程与构建的流程正好相反，从上到下依次判断几何元素位于哪个 MBR 内，直至找到叶子节点。

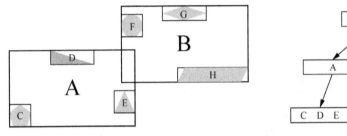

图 4-5　R 树示意

4.1.3　空间填充曲线

在数据库中，数据最终是要存放至物理存储设备中的，而现有的存储设备，例如磁盘，大多为一维存储设备，即通过磁盘的物理地址访问存储在某物理空间的数据记录。事实上，GeoMesa 键值存储结构中的键是一维数据。然而，空间数据大多都是多维的，例如点、线、面都是二维数据，而带有时间信息的点、线、面则是三维数据。因此，将多维数据映射至一维以便于物理存储，同时也尽量保持数据在多维时的邻近关系，即多维空间中相邻相似的数据在映射为一维后仍为一维直线上邻近的点，便成了亟待解决的问题。

那么让我们先思考一个问题，是否理论存在这样一根无限长的线，穿过任意维度空间里的所有点呢？答案是有的，这就是空间填充曲线（Space Filling Curve）。从数学的角度来说，空间填充曲线可看成一种将高维空间数据降到一维空间的映射函数。

总的来说，空间填充曲线的目的是将高维数据降至一维，但是一条好的空间填充曲线应具有以下两个性质：填充和稳定。

填充是对空间填充曲线最基本的要求之一，只有可以填充满整个空间的曲线才能覆盖空间中所有点，进而完成对高维空间数据的降维操作。

稳定是指数据邻近关系的稳定，具体来说是降维后，应尽量保持数据在高维时的邻近关系，例如二维空间中相近的两个点，降至一维后其编码也应是相似的。因为空间填充曲线的目的是在一维物理存储设备上构建索引，就需要将"相似"的数据尽量存储在物理位置相近的地方，即其一维编码也应相似。

下面将简单介绍 4 种常见的空间填充曲线，即 Z 曲线、希尔伯特曲线、XZ 曲线和时空填充曲线，及其相关扩展和应用。

1. Z 曲线

Z-Ordering 空间填充曲线（以下简称为 Z 曲线）是 IBM 公司的 Guy Macdonald Morton 于 1996 年提出的[1]，因其算法简单且性能优越，现已广泛用于空间编码和索引等各个领域，本部分将对其进行简单介绍。

Z 曲线的构建方法很简单，主要步骤如下：一阶 Z 曲线的生成方法是将正方形空间四等分，填充曲线从其中一个四等分后得到的正方形空间的中点开始，按"Z"字形依次穿过其余正方形空间中点，如图 4-6（a）所示，填充曲线依次穿越子空间"0""1""2""3"；二阶 Z 曲线的生成方法是对生成一阶 Z 曲线时分出的每个正方形空间再次进行四等分，每 4 个小正方形空间再生成一阶 Z 曲线，最后把 4 条一阶 Z 曲线首尾相连即可；三阶 Z 曲线的生成方法与二阶 Z 曲线的类似，先生成二阶曲线，再将 4 条二阶曲线首尾相连即可；N 阶的 Z 曲线的生成方法也是类似的，即先生成 $N{-}1$ 阶的 Z 曲线，然后把 4 条 $N{-}1$ 阶的 Z 曲线首尾相连。如图 4-6 所示，从左到右分别表示一阶、二阶和三阶的 Z 曲线，其中黑色圆点表示首尾连接位置。

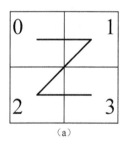 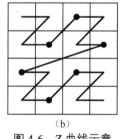 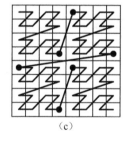

（a）　　　　　　　　　　（b）　　　　　　　　　　（c）

图 4-6　Z 曲线示意

可能读者会疑惑，Z 曲线是如何"填满"整个空间的呢？其实当 N 阶 Z 曲线的 N 趋于无限大时，Z 曲线就会足够密，也就能填满整个空间了。但实际应用中并不需要这么高的精度，往往是指定最大深度（也称为最高分辨率）作为 Z 曲线的阶数，然后使用其最小网格代表其中所有的点，这样虽然会损失一定精度，但是往往是够用的，下文的 GeoHash 部分还会对此进行介绍。

了解了 Z 曲线填充空间的过程，下面介绍 Z 曲线是如何将空间中的任意一点映射成一个单独的值的。一种自然的方式便是按 Z 曲线的走向，依次对最小网格用从 0 开始的整数编码，例如一阶 Z 曲线的编码为 0 ~ 3，二阶 Z 曲线的编码为 0 ~ 15，三阶 Z 曲线的编码为 0 ~ 63。这种方式简单粗暴却行之有效，因为相邻的网格编码后的整数大多也相邻，即稳定性较好。事实上，目前使用广泛的地理编码 GeoHash 便是基于 Z 曲线的这种编码方式，而且它进一步将编码方式改为了经纬度的二进制表示，下面将简单介绍 GeoHash。

Z 曲线最典型的应用之一就是 GeoHash，如图 4-7 所示。GeoHash 是一种地理编码格式，其基本原理是将地球表面理解为一个二维平面，将平面递归分解成更小的子块，然后基于 Z 曲线连接这些子块，并将每个子块编码为一个字符串，该字符串代表的就是一个以经纬度划分的矩形区域，其内的所有点均可使用该字符串表示。

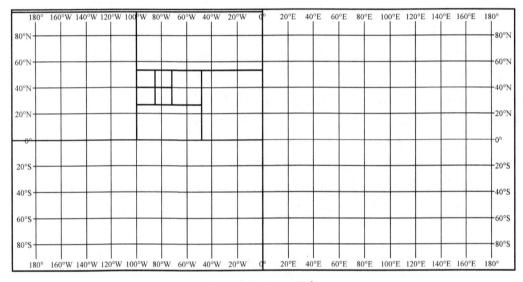

图 4-7 GeoHash 示意

事实上，GeoHash 还是一种分级的数据结构，理论上只要空间划分得足够细，GeoHash 就能提供任意精度的分段级别，如图 4-7 所示。但实际应用中往往不需要太高的精度，故 GeoHash 通常被分为 12 级，级别代表的是编码后字符串的长度，层数越深，空间划分得越细，地理精度越高。GeoHash 的编码字符串长度与误差的对照如表 4-1 所示。

表 4-1 GeoHash 的编码字符串长度与误差的对照

GeoHash 字符串长度	经度/纬度位数	经度×纬度映射到地球球面的面积	当前 GeoHash 字符串对应在地球球面的误差
1	3/2	5000 km×5000 km	± 2500 km
2	5/5	1250 km×625 km	± 630 km
3	8/7	156 km×156 km	± 78 km
4	10/10	39.1 km×19.5 km	± 20 km

续表

GeoHash 字符串长度	经度/纬度位数	经度×纬度映射到地球球面的面积	当前 GeoHash 字符串对应在地球球面的误差
5	13/12	4.89 km×4.89 km	± 2.4 km
6	15/15	1.21 km×0.61 km	± 610 m
7	18/17	153 m×153 m	± 76 m
8	20/20	38.2 m×19.1 m	± 19.11 m
9	23/22	4.77 m×4.77 m	± 4.78 m
10	25/25	1.19 m×0.596 m	± 59.71 cm
11	28/27	14.9 cm×14.9 cm	± 14.92 cm
12	30/30	3.72 cm×1.86 cm	± 1.86 cm

下面介绍 GeoHash 的编码方式，主要分为以下 3 步：经纬度的二进制编码、经纬度的组合编码、二进制编码转为字符串。

（1）经纬度的二进制编码。

指定 GeoHash 的级别后，根据表 4-1 所对应的位数编码经纬度，经纬度的编码思路很简单，就是按照"左区间标注为 0，右区间标注为 1"规则，对点以二分法的形式不断对应到相应的区间中，越分越细直至达到指定位数。如图 4-8 所示，假设编码的级别为 3，则先将整个区间二分，判断点落入左区间"0"内，编码为 0；再对区间"0"进行二分，判断点落入左区间"00"内，编码更新为 00；最后对区间"00"进行二分，判断点落入右区间"001"内，故最终该点的编码为 001。

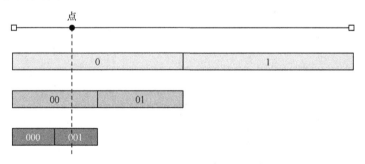

图 4-8 GeoHash 经纬度编码示意

（2）经纬度的组合编码。

按上述规则对经纬度按指定级别进行编码后，下一步就是对经纬度的编码进行组合。GeoHash 组合经纬度编码的方法也很简单，遵循"奇数位放纬度，偶数位放经度"的规则即

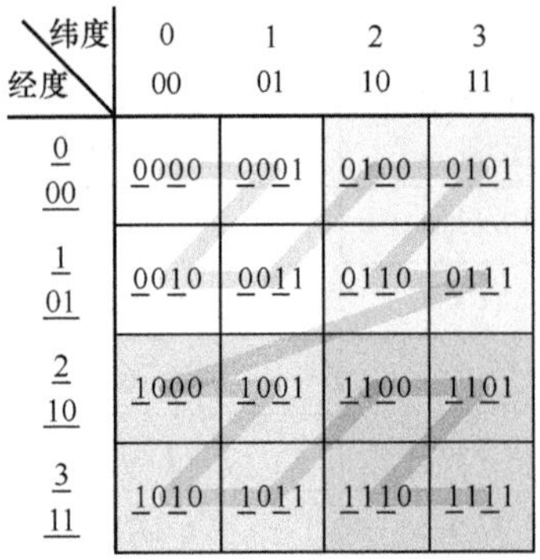

纬度 经度	0 00	1 01	2 10	3 11
$\frac{0}{00}$	0000	0001	0100	0101
$\frac{1}{01}$	0010	0011	0110	0111
$\frac{2}{10}$	1000	1001	1100	1101
$\frac{3}{11}$	1010	1011	1110	1111

图 4-9　GeoHash 与 Z 曲线的关系示意

可，注意这里的偶数位是从"0"开始计数的。例如，假定 GeoHash 级别为 1，且经度二进制编码为"001"，纬度编码为"10"，则组合编码为"01001"。再次强调，组合编码的首位是经度编码的首位，因为计算机中习惯从 0 开始计数，而 0 是偶数。读到这里，读者一定会好奇，"奇数位放纬度，偶数位放经度"这个规则是怎么产生的呢？这个规则具体有什么作用呢？这个规则不是凭空捏造的，事实上，这个规则的核心就是 Z 曲线。如图 4-9 所示，将经纬度的二进制编码组合后，按 Z 曲线的走向，可以发现这个组合编码是逐一递增的，转换为十进制，就是从 0 到 15 逐渐增大的，正好覆盖住所有网格。

（3）二进制编码转为字符串。

得到点的经纬度二进制组合编码后，就需要将其转为字符串。GeoHash 将组合编码转为字符串的规则如下：先将二进制编码按 5 位一组进行分组，然后基于 Base32 将每组分别映射为单个字符，最后将字符顺序拼接即可。数值与 Base32 字符的对照如表 4-2 所示。例如，针对上述组合编码"01001"，位数为 5，分为 1 组，转为十进制数字 9，查找表 4-2，得到字符"9"，故该点在 GeoHash 级别为 1 的最终字符串表示为"9"。

表 4-2　数值与 Base32 字符的对照

数值	Base32 字符	数值	Base32 字符
0	0	16	h
1	1	17	j
2	2	18	k
3	3	19	m
4	4	20	n
5	5	21	p
6	6	22	q
7	7	23	r
8	8	24	s
9	9	25	t
10	b	26	u
11	c	27	v
12	d	28	w
13	e	29	x
14	f	30	y
15	g	31	z

这里可以回头看表 4-1，可以发现，不论 GeoHash 的级别是多少，经纬度位数之和永远是 5 的倍数，例如级别为 3 时 8+7=15，级别为 9 时 23+22=45，事实上这个规律也是基于 Base32 编码的，因为需要保证组合编码正好可以按 5 位一组划分。现在 GeoHash 还有 Base64 编码，即按 6 位一组进行分组，这里就不赘述，感兴趣的读者可以自行学习。

两点的 GeoHash 字符串的前缀相同的位数越多，代表其位置越接近，反之则不然，即对于位置相近的点，其 GeoHash 字符串不一定相似，因为 Z 曲线只能保证局部有序性，也就意味着该索引方法存在突变情况，具体表现为在每个"Z"的拐点处，都存在出现顺序突变的可能性。

2. 希尔伯特曲线

希尔伯特曲线（Hilbert Space-Filling Curve）是德国数学家 David Hilbert 于 1891 年提出的[2]，是一种具有良好性能的空间填充曲线，现对其进行简单介绍。

希尔伯特曲线的构建方法如下：一阶的希尔伯特曲线的生成方法是将正方形空间四等分，填充曲线从其中一个正方形空间的中点开始，依次穿过其余正方形空间，如图 4-10（a）所示，填充曲线依次穿越子空间 0、1、2 和 3；二阶希尔伯特曲线的生成方法主要是通过对之前每个正方形空间再次进行四等分，然后在每 4 个小正方形空间中首先生成一阶希尔伯特曲线，注意位于首位的曲线需按顺时针方向旋转 90 度并放在左下的位置，位于末尾的曲线需按逆时针方向旋转 90 度并放在右下的位置，最后把 4 条一阶希尔伯特曲线首尾相连即可；三阶的希尔伯特曲线的生成方法与二阶的类似，先生成二阶曲线，再将 4 条二阶曲线首尾相连即可，注意位于首尾位置的曲线的旋转操作；N 阶的希尔伯特曲线也是递归生成的，即先生成 N−1 阶的希尔伯特曲线，然后将 4 条 N−1 阶的希尔伯特曲线首尾相连。

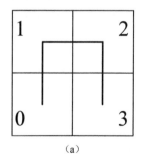 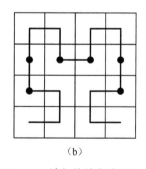 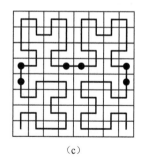

（a） （b） （c）

图 4-10 希尔伯特曲线示意

希尔伯特曲线的编码方式与 Z 曲线的类似，即由上到下逐层编码，最后按曲线走向展开即可，笔者这里就不赘述。

值得注意的是，我们观察图 4-6 和图 4-10，会发现希尔伯特曲线的突变性比 Z 曲线的要弱很多，因此希尔伯特曲线具有更好的稳定性，即更能在降维后保证数据在高维时的邻近关系不变。

3. XZ 曲线

空间数据除了点之外，还有大量的非点数据，例如线和面，其通常具有长度和面积等属性，因此并不能被一对经纬度所表示。Z 曲线和希尔伯特曲线只能针对点进行编码，最终得到的编码只能表示处于最大分辨率内的元素，同时因为点是没有大小的，其分辨率理论上可以无限大，故空间填充曲线均可对点进行编码。然而，一个非点的空间对象可能与多个最小网格相交，因此 Z 曲线和希尔伯特曲线并不能用唯一的编码值对其进行表示。

为了能够利用空间填充曲线来表示非点空间对象，有两种简单的方法。

第一种方法是使用所有与该非点空间对象相交的最小网格编码表示，然后将其复制多次并存储至每个编码下，如图 4-11（a）所示，空间对象 O_1 与最小网格 "20" "21" 均相交，则在两个子空间下各自复制一份空间对象。但很明显，这种方法会带来额外的存储开销，并且查询时也需要进行去重操作，故效率并不高。

第二种方法是使用最小包含该非点空间对象的网格编码表示，如图 4-11（b）所示，包含空间对象 O_1 的最小网格是网格 "2"。该方法相对于第一种方法的好处是，仅需单个编码即可表示非点空间对象，但同时这也引入了另外的问题：一是每个元素的编码长度可能不一，这主要取决于非点空间对象的最小包含网格的分辨率，而编码长度不一导致索引时不能将编码看成数字，只能看成长度不一的字符串并按字典顺序进行比较，这样索引效率会大大降低；二是非点空间对象的表示效果不理想，例如任何与中轴平行线（$x=1/2$ 或 $y=1/2$）相交的对象都会使用整个空间的编码对其进行表示，若该对象很大这似乎是合理的，但是当该对象是个小元素时，这样的近似误差太大。反映到索引性能上，越多短编码的非点空间对象，意味着越多对象没有被编码很好地近似，索引效率也就越低。

为解决非点空间对象的降维编码问题，并同时尽量避免以上两种简单方法所暴露的问题，Christian Bohm 在 1999 年提出了一种新的空间编码方式[3]，称为 XZ 曲线（Extended Z-Ordering Space Filling Curve）。顾名思义，XZ 曲线是基于 Z 曲线的，但是 XZ 曲线提出了扩大元素的概念，即将 Z 曲线每个子空间的左下角固定，然后将其长和宽均扩大一倍，得到一个更大的索引空间，称之为扩大元素（Enlarged Element），如图 4-12 所示，子空间 "22" 被扩大到空间 "2" 所覆盖的区域，子空间 "121" 被扩大到 "103" "112" "121" "130" 这 4 个空间组成的区域。最后，XZ 曲线利用恰好能够完全包含非点空间对象的扩大元素来表示，例如图 4-12 中的 "O_1" 用空间 "22" 的扩大元素表示，"O_2" 用空间 "121" 的扩大元素表示。

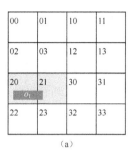 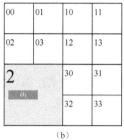

图 4-11 非点空间对象用空间填充曲线表示的思路示意

图 4-12 XZ 曲线的扩大元素示意

由于 XZ 曲线使用不同分辨率的索引空间表示空间对象，因此其索引空间数量大于最大分辨率的网格数量。事实上，分辨率每增加一次，Z 曲线的每个空间都会分裂出 4 个新的子空间，而每个子空间又可以扩展为 XZ 曲线的扩大元素，从而产生新的子空间。因此，XZ 曲线拥有不同分辨率的索引空间，其能表示的索引空间数量等于不同分辨率下的索引空间数量之和。

编码时，XZ 曲线会使用整数来表示索引空间，并尽量满足相近的索引空间具有相近的整数值。XZ 曲线的编码是深度优先遍历的过程，如图 4-13 所示，设最大空间分辨率为 2，先将第 0 层编码为整数"0"，然后按深度优先访问子节点，如先编码第 1 层序号为"0"的子空间，编码为整数"1"，再编码子空间"00"为"2"，当所有序号以"0"开头的空间编码结束后，回退至上一层，继续编码空间"1"，以此类推。值得注意的是，这里的空间指的并不是 Z 曲线下的子空间，而是该子空间的扩大元素，例如空间"30"实际上表示 Z 曲线下"12""13""30""31"这 4 个空间联合组成的区域。

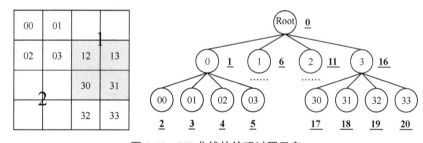

图 4-13 XZ 曲线的编码过程示意

XZ 曲线的数据插入过程，即对空间对象编码的过程，与 Z 曲线的类似，大致步骤为先通过 MBR 等预计算得到空间对象所处的层级，以确保索引空间能装下该空间对象，之后根据层级信息不断四分空间，得到该层级内空间对象左下角点所在的 Z 曲线编码，然后对该 Z 曲线编码进行 XZ 曲线的扩大操作，计算得到空间数据对应的编码值即可。

XZ 曲线的查询过程思路即针对查询框，从上到下逐级检查 XZ 索引空间中的每个元素，若某元素被查询框包含则将其加入结果集，若其与查询框相离则直接过滤该元素，若其与查询框相交则分裂该元素得到其子索引空间后继续重复上述判断，直至元素无法被分裂，即达到最大空间分辨率，总体上符合"先过滤后提纯"的原理。

GeoMesa 参考的 XZ 曲线论文中有详细的公式定义和定理证明，包括 XZ 曲线扩大元素的个数、XZ 编码的有序性、如何快速求得空间对象的 XZ 编码以及 XZ 曲线的查询流程等，感兴趣的读者可以自行阅读论文，笔者在这里就不赘述。

4. 时空填充曲线

时空填充曲线，即对带有时间信息的空间数据进行降维，本质上与空间填充曲线无异，因为时间本身就可以看作一个特殊空间的维度，故时空填充曲线就是对三维空间数据进行降维。前面介绍的 Z 曲线和希尔伯特曲线，理论上均可支持无限维度的数据降维，自然也是常用的时空填充曲线。

图 4-14 所示分别是基于 Z 曲线和希尔伯特曲线的一阶时空填充示意，其过程与二维空间填充曲线的构建过程类似，只是将二维的正方形变为了三维的立方体，曲线依次穿越立方体的中心点，然后将每个"Z"或"门"字形首尾相连即可。

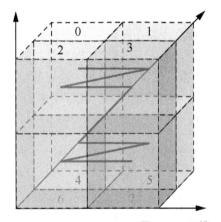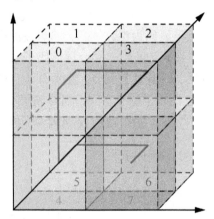

图 4-14　三维 Z 曲线和希尔伯特曲线示意

时空填充曲线的其他性质，如编码和查询过程等，与二维的类似，这里不再介绍，感兴趣的读者可自行查阅相关资料。

4.1.4　Google S2 索引与 Uber H3 索引

S2 索引由 Google 于 2011 年提出，其名称来源于几何数学中的符号 S^2，表示单元球。虽然 S2 索引的算法比较难懂，但是其索引性能非常好，笔者将在本小节简单介绍 S2 索引的基本原理，细节方面不赘述，主要目的是让读者对 S2 索引有大致的印象。

首先需要说明的是，在介绍 Z 曲线和希尔伯特曲线时，都是假设已经存在一个二维平面。但是我们知道，地球是一个不规则的球体，并不是一个规则的平面，所以若是对地球上的空间对象进行索引，那么绕不开的一点就是将球面投影至平面。事实上，Z 曲线的 GeoHash 应用基于 1984 世界大地测量系统（World Geodetic System 1984，WGS-84）坐标系，而 WGS-84 坐标系采用的是墨卡托投影，其基本原理是将地球看成一个规则的球体并放入一个圆柱体内，然后按等角条件将经纬网投影至圆柱面上，最后将圆柱面展开，即可得到一个二维平面，如图 4-15 所示。

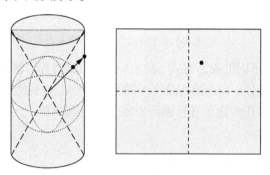

图 4-15　墨卡托投影实现示意

1. Google S2 索引

将球面投影至平面的方法有很多，而 Google 的 S2 索引采用的便是另一种方法，其大致过程如下：如图 4-16 所示，先使用一个立方体与球体相切，然后将球体映射至立方体的 6 个面上，最后对每个面使用希尔伯特曲线进行编码索引。

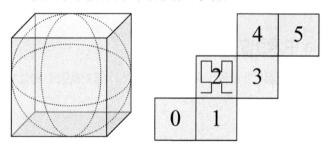

图 4-16　Google S2 索引示意

2. Uber H3 索引

与上述介绍的索引类似，Uber 也开发了一款基于网格的空间索引，命名为 H3（Hexagonal Hierarchical Spatial Index），如图 4-17 所示。与前面几种索引不同的是，H3 的每个索引网格都是正六边形的。我们知道，正多边形的边数越多，它就越接近圆形，也就越利于缓冲区查询，例如 KNN 查询等。此外还要求网格可以铺满整个平面空间，故满足条件的网格形状只有正三角形、正四边形和正六边形。又因为正六边形的边数最多、最接近圆且可无缝铺满整个平面，故理论上正六边形是最优选择，Uber 正是采用这种方法的。

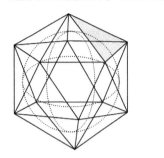

图 4-17　Uber H3 索引示意

同时 Uber 也采用了不同的投影方式，故 H3 索引大致过程可描述如下：如图 4-17 所示，首先将地球当作正二十面体，每个面都是一个球面三角形，然后使用不同层级的正六边形去划分球面三角形，最后对正六边形进行编码以唯一确定其位置。

4.2　GeoMesa 的索引实现

为满足不同的查询需求，GeoMesa 将空间数据类型 Geometry 分为了点（Point）和非点（Non-Point），并结合时间类型 Date，设计了相应的索引类型。默认情况下，GeoMesa 会根据 SimpleFeature 的 Geometry 和 Date 类型字段自动创建对应的索引表，当然，用户也可以根据实际需求自定义创建指定的索引。本节将依次介绍 GeoMesa 中索引的类型和 GeoMesa 索引具体的使用方法。

4.2.1　GeoMesa 中索引的类型

GeoMesa 中的索引可以分为 6 种，分别是 Z2 索引、Z3 索引、XZ2 索引、XZ3 索引、ID 索引以及 ATTR 索引。

1. Z2 索引

Z2 索引用于查询 Point 类型数据，使用 Point 的经度和纬度信息构建二维 Z 曲线，可用于高效支持具有空间点信息但是没有时间信息的查询需求。默认情况下，若 SimpleFeatureType 具有 Point 字段，则 GeoMesa 会自动创建该索引。

2. Z3 索引

Z3 索引用于查询 Point 和 Date 类型数据，使用 Point 的经纬度和 Date 的时间戳构建三维 Z 曲线，可用于高效支持具有空间点信息和时间信息的查询需求。默认情况下，若

SimpleFeature 具有 Point 和 Date 两个字段，则 GeoMesa 会自动创建该索引。

3. XZ2 索引

XZ2 索引用于查询 Non-Point 类型数据，即非点数据，例如 LineString 和 Polygon 等类型的数据，使用 Non-Point 的经度和纬度信息构建二维 XZ 曲线，可用于高效支持具有空间非点信息但是没有时间信息的查询需求。默认情况下，若 SimpleFeatureType 具有 Non-Point 字段，则 GeoMesa 会自动创建该索引。

4. XZ3 索引

XZ3 索引用于查询 Non-Point 和 Date 类型数据，使用 Non-Point 的经纬度和 Date 的时间戳构建三维 XZ 曲线，可用于高效支持具有空间非点信息和时间信息的查询需求。默认情况下，若 SimpleFeatureType 具有 Non-Point 和 Date 两个字段，则 GeoMesa 会自动创建该索引。

5. ID 索引

ID 索引用于查询一行记录（Record），使用 FeatureID 作为主键，可用于任何类型数据的查询，当使用其他索引均未查询到结果时，将会通过 ID 索引进行查询。默认情况下，GeoMesa 会自动创建该索引，以保证任何查询均可进行。

6. ATTR 索引

Z2 索引、XZ2 索引、Z3 索引和 XZ3 索引是针对时空查询而设计的索引，然而针对某些非时空字段查询，这些索引并不可用，同时，ID 索引虽然支持任何查询，但是其原理是对索引表进行全量扫描，这显然是效率低下的。对此，GeoMesa 支持 ATTR 索引，即若想加速某个字段的查询，可单独对其进行 ATTR 索引。ATTR 索引针对任意类型字段，包括空间字段、时间字段和非时空字段。若用户不显式创建该索引，则 ATTR 索引不会被创建。

以上 6 种索引类型中，Z2 索引、Z3 索引、XZ2 索引和 XZ3 索引是针对时空字段设计的索引，而 ID 索引和 ATTR 索引是所有数据类型的字段皆可使用的索引。

4.2.2 GeoMesa 索引具体的使用方法

GeoMesa 将为指定的 SimpleFeatureType 模式（Schema）中的空间字段创建各种索引，以便对各种查询需求进行优化，同时会自动判断用于创建以上索引的属性，当然索引的字段也可由用户手动指定。GeoMesa 默认的索引属性判断规则如下。

（1）空间索引 Z2 和 XZ2。若 SimpleFeatureType 拥有一个 Geometry 类型字段，例如 Point、LineString 或 Polygon 等类型字段，则 GeoMesa 将会针对该 SimpleFeatureType 对应的空间字段创建空间索引；若 SimpleFeatureType 拥有不止一个空间字段，则针对默认空间字段创建索引，其中默认空间字段使用星号（＊）前缀标识，如代码清单 4-1 所示。

代码清单 4-1　定义 SimpleFeatureType

```
// 指定 geom 字段为默认空间字段
val spec = "name:String,dtg:Date,*geom:Point:srid=4326";
val sft = SimpleFeatureTypes.createType("mySft", spec);
```

（2）时空索引 Z3 和 XZ3。若 SimpleFeatureType 同时拥有 Geometry 和 Date 类型字段，则 GeoMesa 将会创建时空索引。其中，Geometry 类型字段会选用 SimpleFeatureType 中的默认空间类型，Date 类型字段则会默认选择 Spec 中第一个声明的，或者可以显式指定。

（3）记录索引 ID。GeoMesa 总会自动根据 FeatureID 创建 ID 索引，其中 FeatureID 可由 SimpleFeature.getID() 获取。若不想创建该索引，则需显式指定。

（4）属性索引 ATTR。ATTR 索引并无默认属性配置，用户需手动指定。ATTR 索引针对任意类型字段，且支持二级索引。但值得注意的是，二级索引只能用于针对主属性的相等查询，例如 "name=bob" 可以利用二级索引，而 "name like bo%" 或 "name>bo" 不能利用。若指定了 Geometry 和 Date 字段，则二级索引将为 Z3 或 XZ3；若指定了 Geometry 字段，则二级索引将为 Z2 或 XZ2；若指定了 Date 字段，则二级索引将为 Z3 或 XZ3，只不过没有空间信息。配置 name 的二级索引如代码清单 4-2 所示。

代码清单 4-2　配置 name 的二级索引

```
val spec = "name:String,dtg:Date,*geom:Point:srid=4326";
val sft = SimpleFeatureTypes.createType("mySft", spec);
// 无二级索引
sft.getUserData().put("geomesa.indices.enabled", "attr:name");
// 二级索引为 Z2
sft.getUserData().put("geomesa.indices.enabled", "attr:name:geom");
// 二级索引为有序时间索引
sft.getUserData().put("geomesa.indices.enabled", "attr:name:dtg");
```

（5）GeoMesa 索引的名称规律。GeoMesa 对时空索引的命名是存在一定规律的，总结如下："Z" 代表 Z 曲线，针对的是 Point 类型数据，如 Z2 和 Z3；"XZ" 代表 XZ 曲线，针对的是 Non-Point 类型数据，即 LineString 和 Polygon 类型等，如 XZ2 和 XZ3；"2" 代表的是经度和纬度组成的二维数据，针对的是空间数据，如 Z2 和 XZ2；"3" 代表的是经度、纬度和时间组成的三维数据，针对的是时空数据，如 Z3 和 XZ3。

（6）GeoMesa 索引的版本迭代。为确保交叉兼容性，GeoMesa 创建每个索引时都有一个版本号，以用于标识存储在磁盘上的数据的格式，版本号在创建索引表时固定。更新 GeoMesa 版本可以提供错误修复和新功能，但是不会将磁盘上现有的数据更新为新的索引格式。截至本书截稿，GeoMesa 已更新至 3.2.0 版本，其中 Z2 索引最新为第 5 版本，Z3 索引最新为第

7 版本，XZ2 索引最新为第 2 版本，XZ3 索引最新为第 3 版本，ATTR 索引最新为第 8 版本，ID 索引最新为第 4 版本，详情可参考 GeoMesa 官网。

（7）GeoMesa 索引的自定义扩展。GeoMesa 允许用户在运行时添加自定义索引，主要通过 Java 的服务提供接口（Service Provider Interface，SPI）实现。具体做法如下，用户若想添加新索引，则首先需要实现接口 org.locationtech.geomesa.index.api.GeoMesaFeatureIndexFactory，然后在 META-INF/services 目录下注册该实现类的路径信息即可。使用 SPI 实现 GeoMesa 自定义索引的最大好处之一就是代码入侵小，即无须修改源码便可实现扩展。一旦新索引注册成功，用户即可在创建 SimpleFeatureType 后通过 UserData 自定义创建该索引，如代码清单 4-3 所示。

代码清单 4-3　通过 UserData 自定义创建索引

```
sft.getUserData().put("geomesa.indices.enabled", "my-index");
```

此外，GeoMesa 还实现了 Google 的空间索引 S2 及时空扩展 S3，其使用方式与上类似，这里就不赘述。

值得注意的是，京东智能城市研究院旗下的时空数据引擎 JUST 团队，对时空查询的场景需求进行了深入调研和分析，并基于 GeoMesa 原生的 Z3 和 XZ3 索引，实现了自研的 XZPlus 和 XZ2T 索引，可大幅提高时空查询的效率，感兴趣的读者可阅读 JUST 团队的相关论文[4][5]。

4.3　GeoMesa 的索引查询

GeoMesa 的查询计划（Query Plan）会将 GeoTools 的 Query 类转换为特定底层数据库扫描和过滤的对象，其主要步骤如图 4-18 所示。

本节重点介绍第二步条件分解和第三步索引选择。

4.3.1　条件分解

过滤条件分解（Filter Decomposition）。GeoMesa 的逻辑查询计划通常由两部分组成，一个是用于确定扫描范围的主过滤条件（Primary Filter），另一个是用于匹配行的次过滤条件（Secondary Filter）。如 Z2 索引会将空间谓词转换为扫描范围并作为主过滤条件，之后利用其余 Filter 作为次过滤条件匹配符合条件的行记录。在查询计划的第二步中，首先将过滤条件分解拆分为多个独立的子条件，并针对每个子条件遍历所有索引表看这些索引表是否可用于该子条件的查询，同时确定主过滤条件和次过滤条件。例如，考虑代码清单 4-4 所示过滤条件。

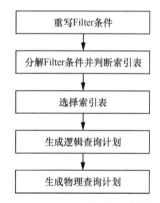

图 4-18　GeoMesa 的查询计划示意

代码清单 4-4　过滤条件

```
BBOX(pt,0,0,10,10) AND
  dtg DURING 2022-01-01T00:00:00Z/2022-01-02T00:00:00Z
  AND name = 'alice'
```

该 Filter 有多种拆分方式：第一种，对于 Z2 空间索引，主过滤条件为 "BBOX"；第二种，对于 Z3 时空索引，主过滤条件为 "BBOX" 和 "DURING"；第三种，对于 ATTR 索引，主过滤条件为 "name='alice'"。这里假设以上索引均已创建。图 4-19 所示是针对 Z3 索引的条件分解示意。

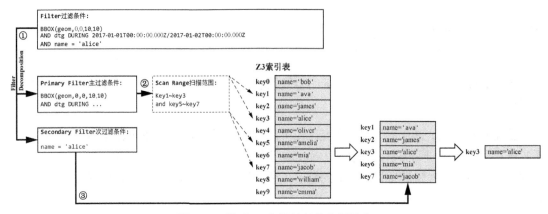

图 4-19　针对 Z3 索引的条件分解示意

4.3.2　索引选择

索引选择（Index Selection）。由于直接过滤某行数据要比先读取该行再判断其是否保留要快得多，所以最优的查询计划往往是扫描数据行数最少的，也可以说，最优的查询计划就是选择到合适的主过滤条件。GeoMesa 有两种索引选择策略，即基于成本的策略（Cost-based Strategy）和基于启发式的策略（Heuristic-based Strategy），以下对这两种策略及其他索引选择策略进行简单介绍。

1. 基于成本的策略

GeoMesa 将在数据写入期间收集统计数据，并将其缓存以用于后续查询优化，需要收集的主要有以下统计信息：

- 数据总行数；
- 默认几何字段、默认时间字段和任何索引属性的最大、最小值或边界；
- 默认几何字段、默认时间字段和任何索引属性的分布直方图；

- 任何索引属性按周划分的频率;

- 任何索引属性的 Top-k;

- 基于默认几何字段和默认时间字段属性的 Z3 索引直方图等。

这些统计信息将用于估计与给定主过滤条件匹配的数据的数量,并选择数据最小的主过滤条件进行查询。

值得注意的是,目前 GeoMesa 基于成本的策略仅支持以 Accumulo 和 Redis 作为数据存储实现。

2. 基于启发式的策略

基于启发式的策略主要基于以下几个规则:

- 若 Filter 含有 FeatureID 的查询谓词,则使用 ID 索引;

- 若 Filter 含有属性相等谓词,则使用对应的 ATTR 索引;

- 若 Filter 含有空间范围查询谓词,则使用 Z2 或 XZ2 索引;

- 若 Filter 含有时空范围查询谓词,则使用 Z3 或 XZ3 索引。

3. 其他索引选择策略

GeoMesa 还允许用户自定义索引选择策略,用户仅需实现 StrategyDecider 接口,同时使用系统属性 geomesa.strategy.decider 配置采取索引选择策略即可。

除了系统默认的选择策略,用户还可配置一些参数来指导索引的选择偏向,例如基数提示(Cardinality Hint)。基数是一个属性具有的不同值的个数,例如属性 age 有 "18,19,20,18" 这 4 个值,那么其基数为 3,因为属性 age 不同值只有 "18,19,20" 这 3 个。若某个属性的基数很高,则通过索引会直接过滤大部分无效数据,进而加快查询进程。反之,若该属性的基数很低,例如布尔属性基数为 2,即 true 或 false,那么可能至少需要扫描一半的数据集。对于 ATTR 索引,基数提示会影响查询计划的选择。若属性被标记为具有高基数,则其对应的 ATTR 索引将具有较高的优先级被最终选择。相反,若属性被标记为低基数,则其对应的 ATTR 索引的优先级就会降低。

输出查询计划。GeoMesa 默认自动在日志中输出查询计划,这有利于后续的调试工作,用户可在 Log4j 中配置,如代码清单 4-5 所示。

代码清单 4-5　配置日志输出

```
log4j.category.org.locationtech.geomesa.index.utils.Explainer=TRACE
```

除此之外，用户也可不通过日志获得查询计划，如代码清单 4-6 所示。

代码清单 4-6　通过接口来获取查询计划

```
dataStore.getQueryPlan(query, explainer = new ExplainPrintln)
```

ExplainPrintln 表示查询计划将会输出至 System.out，也可选择 ExplainString 或 ExplainLogging 将结果重定向至指定位置。在命令行中，可使用 explain 命令输出查询计划。

4.4　GeoMesa 的索引配置

GeoMesa 对外提供诸多索引配置选项，以便用户进行个性化配置和优化，本节主要对其中比较重要的配置进行列举和简单介绍。

4.4.1　配置 FeatureID 编码方式

FeatureID 作为 ID 索引的主键，可为任意字符串，一种常用的做法是使用 UUID。UUID 全称为 Universally Unique Identifier（通用唯一识别码），是一种全局唯一的特殊格式字符串，由格式为{8}-{4}-{4}-{4}-{12}的十六进制字符组成，例如 28a12c18-e5ae-4c04-ae7b-bf7cdbfaf234。若将 UUID 看作字符串，则 1 个字符占用 1 个字节的存储空间，每个 UUID 共需占用 8+4+4+4+12+4=36 字节的存储空间，最后 4 个字节表示连接号占用的。同时，UUID 也可被视为 16 字节的数字，即首先将字符串中的连接号去除，1 个十六进制数占用 4 位存储空间，UUID 中共计 8+4+4+4+12=32 个十六进制数，则共需 $32 \times 4/8 = 16$ 字节的存储空间。将 UUID 视为数字，可在网络传输时，将其以较小的序列化体积压缩，比将其视为字符串压缩节约 $(32 - 16)/32 \times 100\% = 50\%$ 的存储空间，反序列化时按约定的格式将整数的位再次切分即可还原。

用户可使用 UserData 的 geomesa.fid.uuid 决定是否将 FeatureID 设为 UUID，若在调用 createSchema 方法之前设置该参数，则 FeatureID 将被序列化为 16 字节的数字，从而节省一些开销，如代码清单 4-7 所示。

代码清单 4-7　配置 UUID

```
sft.getUserData().put("geomesa.fid.uuid", "true");
```

4.4.2　配置 Geometry 序列化

默认情况下，GeoMesa 将会使用 WKB（Well-known Binary）格式对几何类型 Geometry

进行序列化。也可使用 TWKB（Tiny Well-known Binary）格式序列化 Geometry，因为 TWKB 所需的磁盘存储空间更小，但其不完全支持双精度浮点类型，故使用其可能会损失一些精度。对于 Point 数据类型，TWKB 根据指定的精度参数，占用空间范围为 4 ~ 12 字节，而相同条件下 WKB 却需占用 18 字节。对于 LineString 和 Polygon 等含有多个点的数据类型，由于 WKTB 的增量编码方案，所节省的物理存储是十分可观的。用户可通过 UserData 中的 precision 参数设置浮点数精度来控制启用 TWKB 序列化的存储效率，precision 表示小数位数，例如 precision 设为 6 时，经纬度可达到约 10 cm 的空间分辨率。

对于拥有两个维度以上的 Geometry，可单独规定 Z 和 M 的存储精度，其中"Z"用于存储 Geometry 的高程信息，如某点的海拔高度；"M"用于存储 Geometry 的其他属性信息，如某点所在地区的温度等。通常，Z 和 M 无须与 X 和 Y 保持相同的分辨精度，默认情况下，Z 的存储精度为 1，M 的存储精度为 0。若用户想更改此默认配置，请通过 precision 参数指定各个参数精度，并使用半角逗号分隔，例如 precision=6,1,0 将设经度 X 和纬度 Y 的存储精度为 6，Z 的精度为 1，M 的精度为 0。其中，Z 和 M 的精度必须为 0 ~ 7。

在创建新模式时，用户可通过配置 UserData 中的 precision 参数开启 TWKB 序列化，除此之外，也可通过 updateSchema 方法修改已创建的模式的序列化配置，但值得注意的是，已写入磁盘中的数据的格式并不会更新，配置方法如代码清单 4-8 所示。

代码清单 4-8　配置 precision 参数

```
sft.getDescriptor("geom").getUserData().put("precision", "4");
```

4.4.3　配置列族

对于 GeoMesa 的底层存储数据库，例如 HBase，可将属性子集复制到独立的列族（Columu Family）中，如此便于以列族为单位进行扫描查询，从而避免从磁盘读取查询未涉及的数据。对于拥有大量属性的模式而言，这样可以加快查询速度，但其代价是将会有更多的数据被写入磁盘。列组（Column Group）由 UserData 的 column-groups 参数指定，其值是以半角逗号分隔的字符串列表，建议列组名称应尽量短，最好是一个字符如 a、b 或 c，以最大限度减小磁盘存储空间的占用。值得注意的是，GeoMesa 为 HBase 保留的列族名称为 d，若用户自定义的列族名称与 GeoMesa 保留的默认列族名称相同，则会在创建模式时引发异常。配置列族的方法，如代码清单 4-9 所示。

代码清单 4-9　配置列族的方法

```
val spec = "name:String:column-groups=a,dtg:Date:column-groups='a,b',
*geom:Point:srid=4326:column-groups='a,b'"
val sft =SimpleFeatureTypes.createType("mySft", spec)
```

4.4.4 自定义创建索引

GeoMesa 除了默认的索引创建机制外，还支持用户自定义创建所需索引。自定义创建索引通常用于创建更少的索引，以加快数据落库，例如，若用户只想针对某个点属性进行空间范围查询，那么仅创建 Z2 索引即可。用户可在创建模式时使用 UserData 的 geomesa.indices.enabled 参数指定所需创建的索引，该参数值的格式如下：若仅指定索引名，则使用其对应的默认属性创建；若指定索引名和索引字段，则使用指定字段创建，其中索引名和索引字段使用冒号隔开，如代码清单 4-10 所示。

代码清单 4-10　定义 SimpleFeatureType 时，索引的指定方式

```
val spec = "name:String,dtg:Date,*start:Point:srid=4326,end:Point:srid=4326";
val sft = SimpleFeatureTypes.createType("mySft", spec);
// 默认使用 start 和 dtg 属性创建 Z3 索引
sft.getUserData().put("geomesa.indices.enabled", "z3");
// 指定使用 end 和 dtg 属性创建 Z3 索引，并使用 name 和 dtg 创建二级 ATTR 索引
sft.getUserData().put("geomesa.indices.enabled", "z3:end:dtg,attr:name:dtg");
```

4.4.5 配置"Z"索引分片个数

GeoMesa 允许配置 Z2、Z3、XZ2、XZ3 索引划分的分片（Shard）个数。用户可为每个 SimpleFeatureType 单独指定分片个数，且分片个数必须介于 1 和 127 之间，若未指定，GeoMesa 默认分片个数为 4。分片机制允许用户对表进行预拆分，这为数据的读取和写入提供了初始的并行性。随着数据的写入，表通常会根据其大小拆分为多个分片，从而无须显示指定分片个数。对于小表，分片更为重要，因为小表可能永远不会因达到阈值而自动拆分，若分片为 1 则意味着丧失了并行的可能性。值得注意的是，分片个数设置得太大也会降低查询性能，因为针对某个查询需求，更多的分片就要求占用更多的资源。配置索引分片策略如代码清单 4-11 所示。

代码清单 4-11　配置索引分片策略

```
sft.getUserData().put("geomesa.z3.splits", "4");
```

4.4.6 配置"Z"索引时间间隔

GeoMesa 使用 Z 曲线索引应对基于时间的查询，默认情况下，将数据时间按周（Week）分块并对每个块构建索引。但若查询的时间范围比一周长或短很多，则用户可能希望以指定的时间间隔进行分区。对此，GeoMesa 提供了 4 个时间间隔，即天（Day）、周（Week）、月（Month）和年（Year）。随着间隔的增大，查询所涉及的分区会减少，但数据命中的精度会

随之下降。若用户通常一次查询几个月的数据，则按月索引可能会提供良好的性能，反之，若用户通常一次查询几分钟的数据，则按天索引也许会更快。默认的按周索引倾向于为大多数场景提供平衡，值得注意的是，最佳的分区时间间隔取决于数据的查询方式，而不是数据的分布。用户可在创建 Schema 时使用 UserData 的 geomesa.z3.interval 参数对时间间隔进行配置，如代码清单 4-12 所示。

代码清单 4-12 配置索引时间间隔

```
sft.getUserData().put("geomesa.z3.interval", "month");
```

4.4.7 配置 "XZ" 索引精度

GeoMesa 使用 XZ 曲线来索引具有范围的几何属性，可通过指定索引精度来个性化定义索引，默认情况下，分辨率级别为 12。若数据大多为非常大的几何对象，则建议降低分辨率，反之，若数据大多为非常小的几何对象，则建议提高分辨率。用户可在创建 Schema 时使用 UserData 的 geomesa.xz.precision 参数对 XZ 索引的索引精度进行配置，如代码清单 4-13 所示。

代码清单 4-13 配置 XZ 的索引精度

```
sft.getUserData().put("geomesa.xz.precision", 12);
```

4.4.8 配置 ATTR 索引分片个数

GeoMesa 允许配置 ATTR 索引划分的分片个数，如代码清单 4-14 所示。

代码清单 4-14 配置属性值的分片策略

```
sft.getUserData().put("geomesa.attr.splits", "4");
```

4.4.9 配置 ATTR 字段基数

GeoMesa 还支持将字段标记为高基数和低基数，若标记成功，字段基数信息将作为提示用于查询计划选择。用户可在创建 Schema 时使用 UserData 的 cardinality 参数对字段基数信息进行配置，如代码清单 4-15 所示。

代码清单 4-15 配置属性是否构建索引以及基数

```
val sft: SimpleFeatureType = ...
sft.getDescriptor("name").getUserData().put("index", "true");
sft.getDescriptor("name").getUserData().put("cardinality", "high");
```

4.4.10　配置索引分区

　　为更方便地处理大型数据集，GeoMesa 可根据每个 Feature 的属性将索引表划分到多个独立的物理表中存储，每个物理表对应一个分区会使集群管理变得简单，例如可直接删除具有相同属性值的某分区上的旧数据。用户可在创建 Schema 时使用 UserData 的 geomesa.table.partition 参数对分区规则进行配置。值得注意的是，目前分区参数唯一合法的值为 time，即仅支持基于时间的分区，如代码清单 4-16 所示。

代码清单 4-16　配置时间分区策略

```
sft.getUserData().put("geomesa.table.partition", "time");
```

　　如上所述，由于目前 GeoMesa 仅支持基于时间的索引分区，故若想启动该分区配置，则 Schema 必须包含 Date 类型属性。启用分区后，每个索引将由多个物理表组成，这些物理表也可根据"Z"索引的时间间隔再次分区。

　　当一个查询必须扫描索引的多个物理表时，默认情况下会按顺序扫描这些表，若用户想并行扫描数据，则需设置系统属性 geomesa.partition.scan.parallel=true。值得注意的是，当并行扫描开启时，跨多个分区的查询可能会带来较大的系统负载。

4.4.11　配置索引拆分策略

　　当计划写入海量数据时，若预先知道数据分布，则可在写入之前按分布情况预先拆分表，从而给集群的数据写入提供并行性，提高数据写入速度，并且不依赖于达到阈值自动拆分表的触发器机制。用户可通过实现 org.locationtech.geomesa.index.conf.TableSplitter 接口来管理数据拆分规则。实现该接口后，用户可在创建 Schema 时使用 UserData 的 table.splitter.class 参数对索引拆分器进行配置，如代码清单 4-17 所示。

代码清单 4-17　配置索引拆分策略

```
sft.getUserData().put("table.splitter.class", "org.example.MyTableSplitter");
```

4.4.12　配置查询拦截器

　　GeoMesa 提供了在正式执行查询前对不满足条件的查询进行拦截的功能，例如禁止对索引表进行全量扫描，因为这样会严重降低索引性能。用户可通过实现 org.locationtech.geomesa.index.planning.QueryInterceptor 接口来自定义拦截规则。实现该接口后，用户可在创建 Schema 时使用 UserData 的 geomesa.query.interceptors 参数对拦截器进行配置，如代码清单 4-18 所示。

代码清单 4-18　配置查询拦截器

```
sft.getUserData().put("geomesa.query.interceptors",
"com.example.MyQueryInterceptor1, com.example.MyQueryInterceptor2");
```

　　GeoMesa 官方提供了一些基础的查询拦截实现，可避免过于宽泛的查询对系统资源的占用，这里列举两个最常用的拦截器。全表扫描拦截器（FullTableScanQueryGuard），顾名思义，该拦截器可拦截将进行全表扫描的查询。时间查询拦截器（TemporalQueryGuard），该拦截器将阻止查询时间范围过大的查询，值得注意的是，该拦截器并不会影响没有时间元素的索引，例如 ID 索引和 ATTR 索引。使用时间查询拦截器需配置代表最大查询时间范围的参数，用户可在创建 Schema 时使用 UserData 的 geomesa.guard.temporal.max.duration 参数对时间拦截器最大持续时间进行配置，如代码清单 4-19 所示。

代码清单 4-19　配置时间查询拦截器

```
sft.getUserData().put("geomesa.query.interceptors",
  "org.locationtech.geomesa.index.planning.guard.TemporalQueryGuard");
sft.getUserData().put("geomesa.guard.temporal.max.duration", "30 days");
```

4.4.13　配置统计缓存

　　GeoMesa 会在数据写入期间收集并存储属性的相关统计信息，并将统计信息缓存在内存中以用于后续的查询计划优化。用户可在创建 Schema 时使用 UserData 的 geomesa.stats.enable 参数开启或关闭统计缓存。值得注意的是，目前 GeoMesa 仅实现了 Accumulo 和 Redis 的状态统计并作为基于成本查询优化策略的依据。启用该配置后，GeoMesa 就会一直收集 Schema 中的默认几何字段、默认时间字段和其他任何索引字段的相关统计信息。除此之外，用户也可通过对单个字段使用 UserData 的 keep-stats 参数来启动对该字段的信息统计，统计的指标包括最大值、最小值和 Top-k 等，注意只有 String、Integer、Long、Float、Double、Date 或 Geometry 类型的字段可开启该配置，如代码清单 4-20 所示。

代码清单 4-20　配置统计缓存策略

```
sft.getDescriptor("name").getUserData().put("keep-stats", "true");
```

4.4.14　配置时间优先级

　　对于基于时间的大型数据集，使用时间谓词的索引比不使用索引查询速度快很多，用户可通过 UserData 的 geomesa.temporal.priority 参数将 Schema 配置为对时间谓词进行优先级排序，如代码清单 4-21 所示。

代码清单 4-21 配置时间优先级策略

```
sft.getUserData().put("geomesa.temporal.priority", "true");
```

4.4.15 配置混合几何类型

在使用 GeoMesa 的过程中，常见的错误操作是在创建 Schema 时指定了通用的几何类型 Geometry，由于 GeoMesa 依赖于字段的几何类型在查询时进行索引决策，故通用几何类型 Geometry 会让 GeoMesa 无法判断应去哪个索引表查询，从而对性能产生负面影响。综上，若默认几何类型是 Geometry，即既支持 Point 类型又支持 Non-Point 类型，则用户必须显式配置混合几何类型，注意这并不会影响其他已具体指定几何类型的字段，如 Point、LineString 和 Polygon 等。混合索引模式必须在创建 Schema 前声明，可通过 UserData 的 geomesa.mixed.geometries 参数进行配置，如代码清单 4-23 所示。

代码清单 4-22 配置混合几何类型

```
sft.getUserData().put("geomesa.mixed.geometries", "true");
```

除此之外，GeoMesa 还支持通过系统属性进行运行时（Runtime）配置，用户可将相关配置选项写入 geomesa.site.xml 文件中，GeoMesa 会在运行时加载该 XML 文件，并读取其中配置，详细信息读者可在 GeoMesa 官网查询。

4.5 本章小结

本章主要介绍的是 GeoMesa 的时空索引，首先着重概述了时空索引，包括索引的基础知识、传统的空间索引、空间填充曲线以及 S2 和 H3 索引；然后重点介绍了 GeoMesa 的索引实现，包括空间索引 Z2、XZ2，时空索引 Z3、XZ3，以及非时空索引 ID 和 ATTR；之后简单介绍了基于这些索引该如何进行查询，包括条件分解和索引选择；最后介绍了 GeoMesa 丰富的索引配置。

第 **5** 章

数据写入

GeoMesa 作为一款时空数据的管理工具，是支持数据写入的，它针对不同的数据源的特征，提供了对应的写入接口。本章会以 HBase 的写入为例，从以下几个方面对 GeoMesa 的数据写入流程进行介绍。

- 数据写入概述。

- 生成 ID 信息。

- 获取写入对象。

- 写入存储引擎。

- 更新统计信息。

- 数据组织方式。

5.1 数据写入概述

数据写入是 GeoMesa 非常重要的一个功能，本节会从架构层面介绍 GeoMesa 的数据写入流程以及使用示例。

5.1.1 数据写入流程

在 GeoMesa 中，数据写入功能主要实现的是根据用户传入的数据，参考相关的配置信息，通过 GeoMesa 的写入接口，将外部的时空数据写入对应的底层存储引擎当中。GeoMesa 的写入接口是基于 GeoTools 扩展的，实现了 GeoMesaFeatureWriter 的逻辑，因此在写入时，写入的数据结构需要由 SimpleFeatureType 对象定义，而且写入的数据本身也需要封装成 SimpleFeature 对象。

GeoMesa 写入流程可以分为图 5-1 所示几个部分。

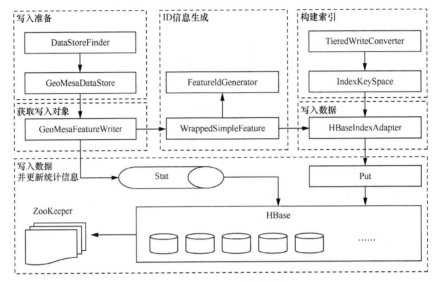

图 5-1　GeoMesa 写入流程

第一步是写入准备，主要是调用 GeoTools 的接口，与 GeoMesa 的核心能力关系不大，因此本章不会详细介绍。

第二步是获取写入对象，由于 GeoMesa 实现了多级索引机制，因此写入对象对应有不同的实现，后续会详细介绍。

第三步是 ID 信息生成，主要是对数据的排列进行约束，同样涉及时空数据的管理方式，后续也会详细介绍。

第四步是写入数据，其中包含构建索引和调用 HBase 的 Put 接口写入。

第五步是在数据写入后，将对应表的统计信息更新，这里会涉及一些时空数据集的统计操作。

以上就是 GeoMesa 的数据写入流程，接下来的 5.1.2 小节中我们会给出一个示例，介绍如何使用代码来调用 GeoMesa 的相关接口，将一条数据写入 GeoMesa 中。

5.1.2　使用示例

通过 GeoMesa 来进行数据写入，在代码实现上是比较方便的，如代码清单 5-1 所示。用户需要提前获取对应的 DataStore 对象以及 SimpleFeatureType 对象，这两个对象决定了数据写向何处，因此在写入数据之前用户就需要告诉程序数据的构造方法，读者可以参考前面的章节。接下来就是获取读取对象，这里需要两个参数，一个是 SimpleFeatureType 的名称，另一个是事务隔离级别，事务隔离级别目前只支持默认（default）和自动提交（auto commit）。

代码清单 5-1　写入数据示例代码

```
// 获取 DataStore 对象
DataStore datastore = ...
// 获取 SimpleFeatureType 对象
SimpleFeatureType sft = ...

// 获取 FeatureWriter 对象
FeatureWriter<SimpleFeatureType, SimpleFeature> writer =
    datastore.getFeatureWriterAppend(sft.getTypeName(), Transaction.AUTO_COMMIT);
// 将 writer 对象中的指针移向下一位，获取当前空白的 SimpleFeature 对象
SimpleFeature toWrite = writer.next();

// 在空白 SimpleFeature 对象中添加信息
toWrite.setAttributes(feature.getAttributes());
((FeatureIdImpl) toWrite.getIdentifier()).setID(feature.getID());
toWrite.getUserData().put(Hints.USE_PROVIDED_FID, Boolean.TRUE);
toWrite.getUserData().putAll(feature.getUserData());

// 写入对应的信息
writer.write();

// 关闭流
writer.close();
```

用户需要注意两点。第一点就是这个写入过程是需要先将 FeatureWriter 对象中的指针进行移位，再进行赋值的，这是比较特殊的一种写入方法。第二点就是 GeoMesa 也提供了更为简便的接口来完成数据写入，这个入口位置就在 FeatureUtils 类的 write 方法中，如代码清单 5-2 所示。

代码清单 5-2　write 方法

```
def write(
    writer: FeatureWriter[SimpleFeatureType, SimpleFeature],
    sf: SimpleFeature,
    useProvidedFid: Boolean = false): SimpleFeature = {
  val written = writer.next()
  copyToFeature(written, sf, useProvidedFid)
  writer.write()
  written
}
```

在这部分代码中，GeoMesa 已经将写入的逻辑封装好了，用户无须对 SimpleFeature 中的信息进行拆分和组装，直接调用相对应的方法就能够完成写入操作。

5.2 生成 ID 信息

在传统关系数据库中,数据的主键约束是非常重要的因素,决定了数据在底层的排列方式。对于 GeoMesa 来说,由于它主要针对的是键值数据库,数据如何排列是与键密切相关的。GeoMesa 中提供了两种排列方式,本节将会对这两种排列方式进行详细介绍。

5.2.1 用户指定

GeoMesa 在接收数据时,数据本身是有可能没有对应的 ID 信息的,如果出现这种情况,GeoMesa 会对 ID 信息进行判断和生成。具体的生成逻辑可以在 GeoMesaFeatureWriter 类的 featureWithFid 方法中看到,如代码清单 5-3 所示。

代码清单 5-3　通过用户指定来生成 ID 信息

```
def featureWithFid(feature: SimpleFeature): SimpleFeature = {
  if (feature.getUserData.containsKey(Hints.PROVIDED_FID)) {
    withFid(feature, feature.getUserData.get(Hints.PROVIDED_FID).toString)
  } else if (feature.getUserData.containsKey(Hints.USE_PROVIDED_FID) &&
      feature.getUserData.get(Hints.USE_PROVIDED_FID).asInstanceOf[Boolean]) {
    feature
  } else {
    withFid(feature, idGenerator.createId(feature.getFeatureType, feature))
  }
}
```

我们可以看到,GeoMesa 会对 SimpleFeature 中的 Hints 信息进行检索,如果用户指定了相关的信息,GeoMesa 就会采用与指定的信息相关的配置来设定 ID 的值。

5.2.2 随机生成

在代码清单 5-3 中,我们可以看到如果用户没有指定 ID,那么会使用随机生成的 ID。GeoMesa 用到了 ID 生成器 idGenerator,在 GeoMesaFeatureWriter 的成员变量里,它的构造逻辑如代码清单 5-4 所示。

代码清单 5-4　ID 生成器

```
private val idGenerator: FeatureIdGenerator = {
 import org.locationtech.geomesa.index.conf.FeatureProperties.FEATURE_ID_GENERATOR
 try {
   logger.debug(s"Using feature id generator '${FEATURE_ID_GENERATOR.get}'")
   Class.forName(FEATURE_ID_GENERATOR.get)
       .newInstance().asInstanceOf[FeatureIdGenerator]
           } catch {
```

```
        case e: Throwable =>
            logger.error(
      s"Could not load feature id generator class '${FEATURE_ID_GENERATOR.get}'",e)
            new Z3FeatureIdGenerator
        }
      }

private val idGenerator: FeatureIdGenerator = {
  importorg.locationtech.geomesa.index.conf.FeatureProperties.FEATURE_ID_GENERATOR
  try {
    logger.debug(s"Using feature id generator '${FEATURE_ID_GENERATOR.get}'")
    Class.forName(FEATURE_ID_GENERATOR.get)
        .newInstance().asInstanceOf[FeatureIdGenerator]
  } catch {
    case e: Throwable =>
      Logger
      .error(s"Could not load feature id generator class '${FEATURE_ID_GENERATOR.get}'", e)
      new Z3FeatureIdGenerator
  }
}
```

　　我们可以看出，GeoMesa 先利用反射的方式，将用户自定义的 ID 生成器构造出来，如果抛出异常，也就是用户并没有自定义的 ID 生成器，那么会默认构造一个基于 Z3 索引的 ID 生成器。

　　我们可以得到两点信息。一是 GeoMesa 支持用户对 ID 生成逻辑进行自定义，用户可以通过配置"geomesa.feature.id-generator"参数，将自定义的 ID 生成器的全路径配置好，这样 GeoMesa 就能够通过全路径实例化出对应的 ID 生成器对象。

　　二是如果用户没有自行指定 ID，GeoMesa 就会利用基于 Z3 索引的 ID 生成器随机生成 ID。在这个 ID 生成器内部会进行更深层次的判断，就是判断当前的 SimpleFeature 内部是否有空间数据存在，这个判断逻辑是在 Z3FeatureIdGenerator 类的 createId 中实现的，如代码清单 5-5 所示。如果没有空间数据存在，那当前数据就跟 Z3 索引没什么关系，可以直接使用 UUID 作为 ID。如果有空间数据存在，GeoMesa 就会根据 Z3 索引的规则来生成对应的 ID。

代码清单 5-5　创建 ID

```
override def createId(sft: SimpleFeatureType, sf: SimpleFeature): String = {
  if (sft.getGeometryDescriptor == null) {
    UUID.randomUUID().toString
  } else {
    Z3UuidGenerator.createUuid(sft, sf).toString
  }
}
```

GeoMesa 中也并不是只有这一种 ID 生成器，还有一种根据时间排序的 UUID 生成器，叫作 IngestTimeFeatureIdGenerator。它的实现原理是基于当前的时间毫秒值来生成 UUID，因此能够保证每一次生成的 UUID 数值都是有序的。不过这个生成器并不是为简单的数据写入服务的，而是在 Spark 中，分布式情况下，为维持数据的次序而服务的。

5.3 获取写入对象

构造完 ID 以后，接下来 GeoMesa 就会构造对应的 Writer 对象。虽然从用户的角度来看，GeoMesa 统一暴露的是 GeoMesaFeatureWriter 接口，但是其实在内部，它实现了两种不同的写入对象，单表的写入对象和分区表的写入对象，本节将会对这两种对象进行介绍。

5.3.1 写入表的对象

直接将需要写入的数据写到单独的表中，其调用的逻辑位于 TableFeatureWriter 中，如代码清单 5-6 所示。

代码清单 5-6　TableFeatureWriter 抽象类

```
abstract class TableFeatureWriter[DS <: GeoMesaDataStore[DS]]
        (val ds: DS,
         val sft: SimpleFeatureType,
         val indices: Seq[GeoMesaFeatureIndex[_, _]],
         val filter: Filter) extends GeoMesaFeatureWriter[DS] {

  private val writer = ds.adapter.createWriter(sft, indices, None)

  override protected def getWriter(feature: SimpleFeature): IndexWriter = writer

  override def flush(): Unit = {
    FlushQuietly(writer).foreach(suppressException)
    FlushQuietly(statUpdater).foreach(suppressException)
    propagateExceptions()
  }

  override def close(): Unit = {
    CloseQuietly(writer).foreach(suppressException)
    CloseQuietly(statUpdater).foreach(suppressException)
    propagateExceptions()
  }
}
```

可以看到，TableFeatureWriter 主要设定了 3 个方法和一个私有变量，其中 writer 是根据索引信息获取到的具体的 IndexAdapter 所对应的写入对象，与表的组织方式无关，只与底层的索引相关。

getWriter 方法直接使用了私有变量 writer，flush 方法封装了冲刷掉当前写入对象以及对应的统计值的更新信息，close 方法则负责关闭前面的 writer 对象。

5.3.2 写入分区表的对象

有的时候，数据组织可能并不是在一个表上完成的，数据可能分布在不同的表中。因此我们需要将数据切分开存储在不同的表（即分区表）中，可以为用户带来一些好处，一方面它能够将数据"打散"，尤其是在海量数据的情况下，便于管理，另一方面，这样的分区策略可以支持数据的并发写入，写入速度会大大提升。

获取写入对象在 GeoMesa 中的具体实现是位于 PartitionFeatureWriter 中的，如代码清单 5-7 所示。

代码清单 5-7　写入分区表抽象类

```
/**
 * 分区写入类
 */
abstract class PartitionFeatureWriter[DS <: GeoMesaDataStore[DS]]
        (val ds: DS,
         val sft: SimpleFeatureType,
         val indices: Seq[GeoMesaFeatureIndex[_, _]],
         val filter: Filter) extends GeoMesaFeatureWriter[DS] {

  import scala.collection.JavaConverters._

  private val partition = TablePartition(ds, sft).getOrElse {
    throw new IllegalStateException("Creating a partitioned writer " +
        " for a non-partitioned schema")
  }

  private val cache = new java.util.HashMap[String, IndexWriter]()
  private val view = cache.asScala

  /**
   * 获取写入对象
   */
  override protected def getWriter(feature: SimpleFeature): IndexWriter = {
    val p = partition.partition(feature)
    var writer = cache.get(p)
    if (writer == null) {
      // 多线程进行表的构建
      indices.par
```

```
              .foreach(index =>
                    ds.adapter.createTable(index, Some(p), index.getSplits(Some(p))))
        writer = ds.adapter.createWriter(sft, indices, Some(p))
        cache.put(p, writer)
      }
      writer
    }

    override def flush(): Unit = {
      view.foreach { case (_, writer) => FlushQuietly(writer).foreach(suppressException) }
      FlushQuietly(statUpdater).foreach(suppressException)
      propagateExceptions()
    }

    /**
      * 关闭写入对象
      */
    override def close(): Unit = {
    view.foreach { case (_, writer) =>CloseQuietly(writer).foreach(suppressException) }
      CloseQuietly(statUpdater).foreach(suppressException)
      propagateExceptions()
    }
}
```

在整体的逻辑上,这个类实现了 GeoMesaFeatureWriter 接口,所以它的内部方法功能与前文所述的写入表单类的方法是类似的。两边的差别主要是 getWriter 方法的内部,以及 PartitionFeatureWriter 内部的私有变量。

首先,所有的 IndexWriter 对象我们都利用 cache 变量来封装,具体的元素添加、删除逻辑是位于 getWriter 内部的,这个过程是与 indices,也就是底层的索引逻辑相关的,以保证构建出来的写入对象与底层的真实数据存储保持一致。

其次,我们的分区信息是由 partition 来封装的。GeoMesa 会先从 DataStore 和 Simple-FeatureType 中检索相关的分区信息。这里我们深入讨论 TablePartition 这个类,可以看到它是通过 SimpleFeatureType 中的 UserData 获取到与分区相关的信息的,如代码清单 5-8 所示。

代码清单 5-8　分区表逻辑

```
object TablePartition extends StrictLogging {

  import scala.collection.JavaConverters._

  /**
    * 获取表分区工厂
    */
  private val factories =
    ServiceLoader.load(classOf[TablePartitionFactory]).asScala.toList
```

```
logger.debug(s"""
              |Found ${factories.size} factories:
              | ${factories.map(_.getClass.getName).mkString(", ")}
              """strip)

/**
 * 如果被定义成分区表，就构建出一个分区表
 */
def apply(ds: HasGeoMesaMetadata[String],
          sft: SimpleFeatureType): Option[TablePartition] = {
  val name = sft.getUserData.get(Configs.TablePartitioning).asInstanceOf[String]
  if (name == null) { None } else {
    factories.find(_.name.equalsIgnoreCase(name))
            .map(_.create(ds, sft)).orElse {
      throw new IllegalArgumentException(
      s"No table partitioning of type '$name' is defined")
    }
  }
}

/**
 * 检查简单要素类是否被定义成分区表
 */
def partitioned(sft: SimpleFeatureType): Boolean =
    sft.getUserData.containsKey(Configs.TablePartitioning)
}
```

我们可以得出两点信息。

第一，TablePartition 中的分区信息是利用 Java 的 SPI 技术来构建实例的，也就是说 GeoMesa 允许我们自定义分区逻辑，但是对应的类是需要在 META-INF/services 目录下注册的。

第二，用户如果想要使用 GeoMesa 的分区功能，就需要在 SimpleFeatureType 的 UserData 中配置相关的参数，相关的配置名称为 geomesa.table.partition，在 GeoMesa 官方给出的文档里面给出了使用的示例，如代码清单 5-9 所示。

代码清单 5-9　配置表分区参数

```
sft.getUserData().put("geomesa.table.partition", "time")
```

5.4　写入存储引擎

经过前面的预热工作，基于环境本身以及数据的全局处理已经基本完成，接下来就是具

体写入存储引擎的过程，这个过程主要包括 3 步。

- 获取转换器，这些转换器是构建索引的工具。

- 构建索引，即用每一条数据结合索引来生成具体的键。

- 调用底层存储引擎的接口，将数据写入底层存储当中。

5.4.1 获取转换器

获取转换器的过程是在 BaseIndexWriter 中完成的，其中包含一个私有变量，如代码清单 5-10 所示。

代码清单 5-10 获取转换器列表

```
private val converters = indices.map(_.createConverter()).toArray
```

这里依然是根据 indices 来进行映射转换的，将索引对象序列中的元素依次转换为对应的转换器实现类。根据不同的数据组织方式，GeoMesa 将转换器分为了两种。

一种是简单的索引方式对应的转换器实现类 WriteConverterImpl，如代码清单 5-11 所示。

代码清单 5-11 WriteConverterImpl 类

```
class WriteConverterImpl[U](keySpace: IndexKeySpace[_, U]) extends WriteConverter[U] {
  override def convert(feature: WritableFeature,
                       lenient: Boolean = false): RowKeyValue[U] =
    keySpace.toIndexKey(feature, EmptyArray, feature.id, lenient)
}
```

另一种是多级索引方式对应的转换器实现类 TieredWriteConverter，如代码清单 5-12 所示。

代码清单 5-12 TierdWriteConverter 类

```
class TieredWriteConverter[U](keySpace: IndexKeySpace[_, U],
                              tieredKeySpace: IndexKeySpace[_, _])
extendsWriteConverter[U] {
    override def convert(feature: WritableFeature,
                         lenient: Boolean = false): RowKeyValue[U] = {
  val tier =
    tieredKeySpace.toIndexKey(feature, EmptyArray, EmptyArray, lenient) match {
        case kv: SingleRowKeyValue[_] => kv.row
        case kv =>
          throw new IllegalArgumentException("Expected single row key from " +
            s"tiered keyspace but got: $kv")
    }
```

```
        keySpace.toIndexKey(feature, tier, feature.id, lenient)
    }
}
```

可以看到两种转换器实现类都继承了 WriteConverter 接口，区别在于前者只支持一级索引，而 TieredWriteConverter 支持二级索引。

5.4.2 构建索引

在获取到转换器对象以后，接下来就要构建索引了，其实现位于 WriteConverterImpl 和 TieredWriteConverter 类的 convert 方法中。两边的 convert 方法都调用了 IndexKeySpace 实现类中的 toIndexKey 方法。toIndexKey 方法能够将当前数据转换成底层索引需要的二进制的键。

构建索引的 toIndexKey 方法在各个索引类中都进行了实现，以 XZ 索引为例，如代码清单 5-13 所示。

代码清单 5-13 toIndexKey 方法

```
    override def toIndexKey(writable: WritableFeature,
                            tier: Array[Byte],
                            id: Array[Byte],
                            lenient: Boolean): RowKeyValue[Long] = {
      val geom = writable.getAttribute[Geometry](geomIndex)
      if (geom == null) {
            throw new    IllegalArgumentException(s"Null    geometry    in    feature
${writable.feature.getID}")
      }
      val envelope = geom.getEnvelopeInternal
      val xz = try {
        sfc.index(envelope.getMinX,
                  envelope.getMinY,
                  envelope.getMaxX,
                  envelope.getMaxY,
                  lenient) } catch {
        case NonFatal(e) =>
            throw new IllegalArgumentException(s"Invalid xz value from geometry: $geom",e)
      }
      val shard = sharding(writable)

      // 构造二进制数组
      val bytes = Array.ofDim[Byte](shard.length + 8 + id.length)

      if (shard.isEmpty) {
        ByteArrays.writeLong(xz, bytes, 0)
        System.arraycopy(id, 0, bytes, 8, id.length)
```

```
      } else {
        // 用来分片的数值只占一个字节
        bytes(0) = shard.head
        ByteArrays.writeLong(xz, bytes, 1)
        System.arraycopy(id, 0, bytes, 9, id.length)
      }

      SingleRowKeyValue(bytes, sharing, shard, xz, tier, id, writable.values)
    }

  override def toIndexKey(writable: WritableFeature,
                          tier: Array[Byte],
                          id: Array[Byte],
                          lenient: Boolean): RowKeyValue[Long] = {
    val geom = writable.getAttribute[Geometry](geomIndex)
    if (geom == null) {
      throw new IllegalArgumentException("Null geometry in feature " +
writable.feature.getID)
    }
    val envelope = geom.getEnvelopeInternal
    val xz = try {
        sfc.index(envelope.getMinX, envelope.getMinY, envelope.getMaxX,
                  envelope.getMaxY, lenient)
      } catch {
        case NonFatal(e) =>
          throw new IllegalArgumentException(s"Invalid xz value from geometry: $geom",
e)
    }
    val shard = sharding(writable)

    // 构造二进制数组
    val bytes = Array.ofDim[Byte](shard.length + 8 + id.length)

    if (shard.isEmpty) {
      ByteArrays.writeLong(xz, bytes, 0)
      System.arraycopy(id, 0, bytes, 8, id.length)
    } else {
      // 用来分片的数值只占一个字节
      bytes(0) = shard.head
      ByteArrays.writeLong(xz, bytes, 1)
      System.arraycopy(id, 0, bytes, 9, id.length)
    }

    SingleRowKeyValue(bytes, sharing, shard, xz, tier, id, writable.values)
  }
```

首先判断是否存在空间数据，如果不存在，就直接抛出异常，这是由于 GeoMesa 本身就是针对空间数据构建索引的，如代码清单 5-14 所示。

代码清单 5-14　空间数据存在与否的判断逻辑

```
val geom = writable.getAttribute[Geometry](geomIndex)
if (geom == null) {
  throw new IllegalArgumentException(
        "Null geometry in feature " + writable.feature.getID)
}
```

然后调用 XZ2 空间填充曲线的接口，将空间对象的最小包裹矩形转换成可以构建索引的数值，如代码清单 5-15 所示。

代码清单 5-15　计算 xz 值

```
val envelope = geom.getEnvelopeInternal
val xz = try {
    sfc.index(envelope.getMinX, envelope.getMinY, envelope.getMaxX,
            envelope.getMaxY, lenient)
  } catch {
    case NonFatal(e) =>
      throw new IllegalArgumentException(s"Invalid xz value from geometry: $geom", e)
}
```

接下来就是将上述的信息组装成完整的二进制数组，作为数据的键，如代码清单 5-16 所示。目前 GeoMesa 支持的是根据 Z 曲线分片的策略（ZShardStrategy）、根据属性分片的策略（AttributeShardStrategy）以及无分片策略（NoShardStrategy）3 种，默认分片个数是 4，当然用户可以根据业务自定义一些分片策略。

代码清单 5-16　执行分片逻辑

```
val shard = sharding(writable)

// 构造二进制数组
val bytes = Array.ofDim[Byte](shard.length + 8 + id.length)

if (shard.isEmpty) {
  ByteArrays.writeLong(xz, bytes, 0)
  System.arraycopy(id, 0, bytes, 8, id.length)
} else {
  // 用来分片的数值只占一个字节
  bytes(0) = shard.head
  ByteArrays.writeLong(xz, bytes, 1)
  System.arraycopy(id, 0, bytes, 9, id.length)
}
```

最后就是使用 SingleRowKeyValue 来对上述的信息进行封装并返回。

5.4.3 数据写入

　　在完成上述的写入准备以后，接下来就是正式的数据写入了，这个过程是在 BaseIndexWriter 中有相关的定义的，不过具体的写入操作，针对不同的存储引擎接口，在各自对应的 IndexWriter 中，也会有不同的实现。本小节会以 HBaseIndexWriter 为例，详细介绍写入的流程，以及 write 方法的逻辑。

　　由于 HBase 底层的写入使用了日志结构合并树的实现逻辑，因此写入和更新本质上是一样的操作，都是在现有的数据集后面增加更高版本的数据。因此其实写入的底层接口 HBaseIndexAdapter 是将写入更新这两种逻辑放在一起的，由一个布尔类型的参数来控制，如代码清单 5-17 所示。

代码清单 5-17　write 方法

```
override protected def write(feature: WritableFeature,
                             values: Array[RowKeyValue[_]],
                             update: Boolean): Unit = {
  if (update) {
// 更新是为了确保我们的时间戳不会相互干扰
    flush()
    Thread.sleep(1)
  }
```

　　可以看到在调用 write 方法时，一开始 GeoMesa 就会判断当前到底是单纯的写入操作还是更新操作，如果是更新操作，那么会将相关的缓存清理，并让主线程睡眠 1 ms，以免产生时间戳的冲突。

　　接下来就是判断当前写入数据的操作是否符合存活时间（Time To Live，TTL）的要求，如代码清单 5-18 所示。由于 GeoMesa 往往需要存储海量的时空数据，有很多历史数据其实没有必要长期保留，因此在这里需要对存活时间做一次判断。

代码清单 5-18　获取 TTL 值

```
val ttl = if (expiration != null) {
  val t = expiration.expires(feature.feature) - System.currentTimeMillis
  if (t > 0) {
    t
  }
  else {
    logger.warn("Feature is already past its TTL; not added to database")
    return
  }
} else {
  0L
}
```

真正调用底层 HBase 接口的逻辑，如代码清单 5-19 所示。

代码清单 5-19　调用 HBase 接口逻辑

```
i = 0
while (i < values.length) {
  val mutator = mutators(i)
  values(i) match {
    case kv: SingleRowKeyValue[_] =>
      kv.values.foreach { value =>
        val put = new Put(kv.row)
        put.addImmutable(value.cf, value.cq, value.value)
        if (!value.vis.isEmpty) {
          put.setCellVisibility(
              new CellVisibility(
                  new String(value.vis, StandardCharsets.UTF_8)))
        }
        put.setDurability(durability)
        if (ttl > 0) put.setTTL(ttl)
        mutator.mutate(put)
      }

    case mkv: MultiRowKeyValue[_] =>
      mkv.rows.foreach { row =>
        mkv.values.foreach { value =>
          val put = new Put(row)
          put.addImmutable(value.cf, value.cq, value.value)
          if (!value.vis.isEmpty) {
            put.setCellVisibility(
                new CellVisibility(
                    new String(value.vis, StandardCharsets.UTF_8)))
          }
          put.setDurability(durability)
          if (ttl > 0) put.setTTL(ttl)
          mutator.mutate(put)
        }
      }
  }
  i += 1
}
```

GeoMesa 支持两种数据写入模式。

一种是一条一条地串行写入，也就是在代码 case 条件中 SingleRowKeyValue 对应的写入逻辑。

另一种是将数据一批一批地写入，也就是代码 case 条件中 MultiRowKeyValue 对应的写入逻辑。

当然这种批量执行的方式，能够比较好地提升数据写入的速度，但是实际上，批量写入的位置也仅仅是位于内存中的缓冲区，可能还是有一些优化空间的。

至此，数据写入的过程就已经告一段落了，不过对于 GeoMesa 来说，整个工作还没有完成，因为数据虽然写进去了，但是为了更好地记录数据的信息，还需要对统计信息进行更新，接下来就对更新统计信息的内容进行介绍。

5.5　更新统计信息

对于一个完善的数据管理平台来说，除了需要基础的数据读写功能，往往也需要对统计信息进行保存和更新，这样一方面能够给系统提供比较全局的视角，得出数据的分布规律，另一方面，基于统计信息，系统也能够完成一些代价计算，从而发挥最优的性能。本节会对写入过程当中，统计信息的更新过程进行详细介绍。

5.5.1　构造统计查询条件

GeoMesa 的统计信息更新对象是 StatUpdater 的实现类，其实它们的初始化已经在 GeoMesaFeatureWriter 的初始化过程当中完成了，如代码清单 5-20 所示。

代码清单 5-20　更新统计信息对象

```
protected val statUpdater: StatUpdater = ds.stats.writer.updater(sft)
```

不过在 StatUpdater 对象的初始化过程当中，GeoMesa 会根据数据源的类型实现不同的 StatUpdater 类对象。例如对于一般的 HBase 数据写入过程，用到的就是 MetadataStatUpdater。MetadataStatUpdater 的内部结构如代码清单 5-21 所示。

代码清单 5-21　MetadataStatUpdater 类

```
protected class MetadataStatUpdater(sft: SimpleFeatureType)
                         extends StatUpdater with LazyLogging {

  private var stat: Stat = Stat(sft, buildStatsFor(sft, getMinMax(sft, _)))

  override def add(sf: SimpleFeature): Unit = stat.observe(sf)

  override def remove(sf: SimpleFeature): Unit = stat.unobserve(sf)

  override def close(): Unit = {
    if (!stat.isEmpty) {
      write(sft.getTypeName, getStatsForWrite(stat, sft, merge = true))
    }
```

```
      }

      override def flush(): Unit = {
        if (!stat.isEmpty) {
          write(sft.getTypeName, getStatsForWrite(stat, sft, merge = true))
        }
        // 重新加载统计信息
        stat = Stat(sft, buildStatsFor(sft, localBounds))
      }

      /**
       * 获取目前为止的边界条件
       */
      private def localBounds(attribute: String): Option[MinMax[Any]] = {
        stat match {
          case s: SeqStat =>
            s.stats.collectFirst {
                case m: MinMax[Any] if m.property == attribute => m }
          case _ =>
              logger.error(s"Expected to have a SeqStat but got: $stat"); None
        }
      }
    }
```

在 MetadataStatUpdater 内部，实现了关于添加、移除、关闭和刷写的逻辑，不过真正核心的是一开始初始化的 stat 参数，在 MetadataStatUpdater 的构造过程中，调用了 buildStatsFor 方法，在其内部，我们可以看到具体的统计信息的构建细节，如代码清单 5-22 所示。

代码清单 5-22　构建统计信息

```
    private def buildStatsFor(sft: SimpleFeatureType,
                              bounds: String => Option[MinMax[Any]]): String = {
      import GeoMesaStats._
      import org.locationtech.geomesa.utils.geotools
             .RichAttributeDescriptors.RichAttributeDescriptor

      val stAttributesBuilder = Seq.newBuilder[String]
      val indexedAttributesBuilder = Seq.newBuilder[String]

      sft.getIndices.foreach { i =>
        if (i.attributes.headOption.contains(sft.getGeomField)) {
          stAttributesBuilder ++= i.attributes
        } else {
          i.attributes.headOption.foreach(indexedAttributesBuilder += _)
        }
      }

      val stAttributes = stAttributesBuilder.result().distinct
      val indexedAttributes =
```

```
  indexedAttributesBuilder.result().distinct.filter { a =>
    !stAttributes.contains(a) && okForStats(sft.getDescriptor(a))
  }
val flaggedAttributes = sft.getAttributeDescriptors.asScala.collect {
  case d if d.isKeepStats && okForStats(d) => d.getLocalName
}.filter(a => !stAttributes.contains(a) && !indexedAttributes.contains(a))

val count = Stat.Count()

// 计算所有字段的最大值和最小值
val minMax =
  (stAttributes ++ indexedAttributes ++ flaggedAttributes)
      .distinct.map(Stat.MinMax)

// 计算被索引字段的 topK
val topK = (indexedAttributes ++ flaggedAttributes).distinct.map(Stat.TopK)

// 计算被索引字段的出现频率
val frequencies = {
  val descriptors = indexedAttributes.map(sft.getDescriptor)
  val withDates = sft.getDtgField match {
    case None => Seq.empty
    case Some(dtg) =>
      val period = sft.getZ3Interval
      descriptors.map(d =>
        Stat.Frequency(d.getLocalName, dtg, period,
                        defaultPrecision(d.getType.getBinding)))
  }
  val noDates = descriptors.map(d =>
        Stat.Frequency(d.getLocalName, defaultPrecision(d.getType.getBinding)))
  withDates ++ noDates
}

// 计算被索引字段的直方图
val histograms = (stAttributes ++ indexedAttributes).distinct.map { attribute =>
  val minMax = bounds(attribute)
  val cardinality = minMax.map(_.cardinality).getOrElse(0L)
  // 估计每个 bin 有 10000 个条目，但上限为 10000 bin（磁盘上约有 29000）
  val size = if (attribute == sft.getGeomField) { MaxHistogramSize } else {
    math.min(MaxHistogramSize, math.max(DefaultHistogramSize, cardinality /
            10000).toInt)
  }
  val binding = sft.getDescriptor(attribute).getType.getBinding
  implicit val ct = ClassTag[Any](binding)
  val (lower, upper) = minMax match {
    case None => defaultBounds(binding)
    case Some(b) if Histogram.equivalent(b.min, b.max, size) =>
    Histogram.buffer(b.min)
    case Some(b) => b.bounds
  }
```

```
    Stat.Histogram[Any](attribute, size, lower, upper)
}

val z3Histogram = for {
  geom <- Option(sft.getGeomField).filter(stAttributes.contains)
  dtg  <- sft.getDtgField.filter(stAttributes.contains)
} yield {
  Stat.Z3Histogram(geom, dtg, sft.getZ3Interval, MaxHistogramSize)
}

Stat.SeqStat(Seq(count) ++ minMax ++ topK ++ histograms ++ frequencies ++ z3Histogram)
}
```

可以看到在这个构建统计信息过程中，GeoMesa 最终会生成一个统计信息的序列，里面不仅包含元素个数，还包含最大值、最小值、最大的 *K* 个值、频率、直方图以及时空直方图，可以说方方面面都统计到了。在 MetadataStatUpdater 中，这些统计指令会作为一个参数传入 Stat 中，分析出具体的统计信息。最终这些统计信息会在 GeoMesaFeatureWriter 中添加到统计信息当中。

5.5.2　执行统计操作

5.5.1 小节介绍的是整个执行统计的框架，具体的统计操作是在每个统计类的 observe 方法中完成的。在 Stat 接口中，仅对 observe 方法进行了声明，没有实现，具体的逻辑是在 Stat 的实现类中实现的。例如在统计最小值和最大值的统计类 MinMax 中，observe 方法就实现了对数据的统计，算法逻辑如代码清单 5-23 所示。

代码清单 5-23　执行统计操作

```
override def observe(sf: SimpleFeature): Unit = {
  val value = sf.getAttribute(i).asInstanceOf[T]
  if (value != null) {
    try {
      minValue = defaults.min(value, minValue)
      maxValue = defaults.max(value, maxValue)
      hpp.offer(value)
    } catch {
      case e: Exception => logger.warn(s"Error observing value '$value': ${e.toString}")
    }
  }
}
```

由于这里并不是本书重点介绍的内容，在此不详述。

5.6　数据组织方式

经过前面的各个步骤，数据就已经被 GeoMesa 写入底层存储引擎当中了。不过由于上层的业务组织可能和底层的数据存储结构有差异，本节会以 HBase 为底层存储引擎的情况为例，详细讲解 GeoMesa 将数据存储到 HBase 内部的时候，数据具体的组织方式。接下来会从元数据管理和实体数据管理两个角度来介绍。

5.6.1　元数据管理

在 HBase 当中，GeoMesa 对数据的管理有两个层级，一个是 "catalog"，可以类比为关系数据库里面的 "Database"，另一个是 "SimpleFeatureType"，可以类比为关系数据库里面的 "Table"。它们都是有自身结构的，这些数据结构都是在 HBase 里面单独存储的，GeoMesa 在新建一个 "catalog" 或者 "SimpleFeatureType" 时，会将它们的结构信息单独存储为 HBase 里面的一张表。

例如用户如果在 "geomesa" 这个 "catalog" 下面创建一张名为 "test" 的表，表结构如表 5-1 所示。

表 5-1　表 "test" 的结构

字段名称	数据类型
Who	String
What	Long
When	Date
Where	Point
Why	String

GeoMesa 会在 HBase 内部创建一个专属于这张表所属库的元数据，其信息如代码清单 5-24 所示。

代码清单 5-24　查看 GeoMesa 表信息

```
hbase(main):002:0> scan 'geomesa'
ROW                           COLUMN+CELL
test~attributes               column=m:v,
timestamp=1632039133077,value=Who:String,What:Long,When:Date,
                              *Where:Point:srid=4326,Why:String;geomesa.stats.enable
='true',
                              geomesa.index.dtg='When',geomesa.indices='z3:6:3:W
here:When,z2:5:3:Where,id:4:3:'
    test~stats-date           column=m:v, timestamp=1632039133077,
value=2021-09-19T08:12:13.039Z
```

```
    test~table.id.v4                    column=m:v, timestamp=1632039138319,
value=geomesa_test_id_v4
    test~table.z2.Where.v5              column=m:v, timestamp=1632039136083,
value=geomesa_test_z2_Where_v5
    test~table.z3.Where.When.v6         column=m:v, timestamp=1632039133099,
value=geomesa_test_z3_Where_When_v6
    5 row(s)
    Took 0.1098 seconds
```

我们可以看出，GeoMesa 存储了这张表的属性信息（attributes）、统计时间信息（stats-date）、几种索引表的映射关系等元数据信息。有了这些元数据信息，GeoMesa 在进行读写操作时，就会知道相关数据的数据结构是什么样的，是否要进行数据统计，以及数据所对应的索引表的位置。

5.6.2　实体数据管理

经过前面的数据写入过程，最终数据被写入 HBase 中后，具体的实体数据管理方式也是非常重要的。GeoMesa 实体数据管理示意如图 5-2 所示。

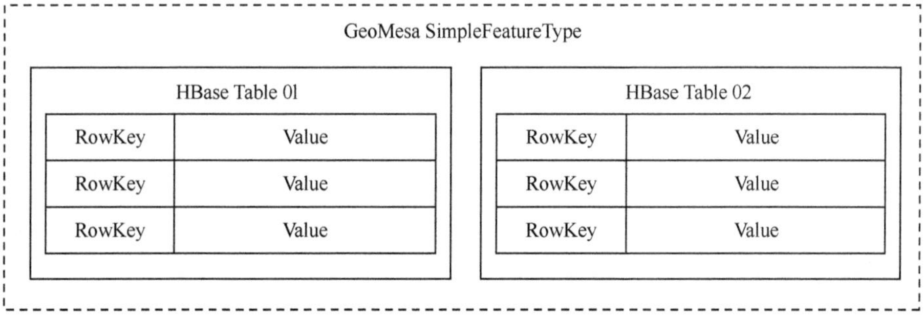

图 5-2　GeoMesa 实体数据管理示意

在实体数据管理方面，GeoMesa 主要遇到了两个问题。

● GeoMesa 自身有很多自定义的时空索引，需要兼容这些索引。

● HBase 本身是按照 RowKey 的字典序列来管理数据的，因此其内部的索引管理是比较复杂的。

GeoMesa 在解决这两个问题时，采用的是用空间换时间的方法。GeoMesa 在构建 SimpleFeatureType 时，它会在 HBase 中创建对应的 HBase 表。由于 GeoMesa 可能会有多个聚合索引，索引与数据绑定，而且 HBase 只能管理一个索引——字典序的 RowKey，因此在 GeoMesa 的 SimpleFeatureType 中，GeoMesa 会为其中每个索引都构建 HBase 表。

这样做的好处是显而易见的，每一个有针对性的索引都能够获得很好的支持，因为在查询过程中，GeoMesa 可以针对不同的查询条件，选取有针对性的表。

但是缺点也很突出，这种做法相当于是将数据量翻倍，如果一个 SimpleFeatureType 中存在 4 个索引，那么底层存储的数据量就会乘 4。如果考虑到 HBase 本身基于 HDFS 还会对数据采取多副本存储的策略（一般采用 3 倍副本的存储策略），那么空间占用可能会再乘 3，甚至更多。

目前来看，由于 GeoMesa 仅是一个中间件，因此它不会对存储引擎进行非常细致的规定，所以这个缺点目前仍然是无法解决的。

由于具体的每一行数据在 GeoMesa 中都是使用 SimpleFeature 来进行封装的，因此 GeoMesa 在 HBase 中并没有对 SimpleFeature 中的元素进行分列族存储，而是对整个 SimpleFeature 对象使用 Kryo 进行序列化，作为一个 Cell 存储在 HBase 中。不过用户也可以在构建 SimpleFeatureType 时，使用一些参数来对 GeoMesa 进行控制，实现分列族存储，如代码清单 5-25 所示。

代码清单 5-25　实现分列族存储的 SimpleFeatureType 描述示例

```
name:String:index=true:column-groups=b,
age:Int:index=true:column-groups=b,
height:Double,
track:String:column-groups=a,
dtg:Date:column-groups=a,
*geom:Point:srid=4326:column-groups='a,b'
```

5.7　本章小结

本章主要介绍的是 GeoMesa 写入数据的整个流程，先从整体框架的层面上介绍了数据写入的流程以及使用示例，然后从流程的细节入手，介绍了生成 ID 信息、获取写入对象、写入存储引擎和更新统计信息等部分内容，最后对数据在存储引擎中的组织方式进行了介绍。对数据写入介绍完毕，接下来我们会对数据查询进行介绍。

第 **6** 章

数据查询

对时空数据的查询是 GeoMesa 的一项基本功能，也是用户使用最多的功能之一，它的性能好坏直接决定了 GeoMesa 能否满足用户的实际业务需求。对于开发人员来说，对数据查询功能的了解深度决定了开发出来应用程序的性能。本章会对数据查询的流程进行拆解，以其支持的 HBase 存储引擎作为示例，从以下几个方面来对数据查询功能进行讲解。

- 数据查询概述。

- 查询准备。

- 查询计划生成。

- 执行并获取数据。

6.1　数据查询概述

在 GeoMesa 中，数据查询功能的作用主要是根据用户输入的查询参数，通过 GeoMesa 的查询接口，从底层存储引擎中获取对应的数据，并最终返回给用户。

由于 GeoMesa 的数据流转框架是基于 GeoTools 来进行扩展的，因此用户调用的接口仍然是 GeoTools 中 DataStore 的接口，数据结构依然是使用 SimpleFeatureType 来进行管理的，最后返回的数据也是使用 SimpleFeature 进行封装的。

数据查询流程主要包括查询准备、查询计划生成以及执行并获取数据这 3 个阶段。本章内容会以 GeoMesa-HBase 作为示例，对 GeoMesa 中关于查询的流程进行详细介绍，查询流程涉及的相关内容如图 6-1 所示。

接下来我们会从查询准备开始，依次介绍这 3 个阶段的实现原理。

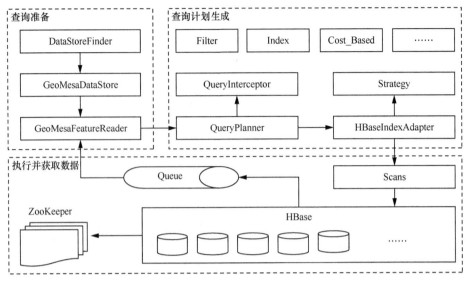

图 6-1 GeoMesa 查询流程

6.2 查询准备

查询准备阶段是 GeoMesa 整个查询流程的入口,它的任务主要是接收用户的查询参数,并结合底层的元数据信息,将查询参数封装成 GeoMesa 内部需要的查询对象。在这个过程当中,GeoMesa 还会对查询条件进行一些简单的审核。本节会对整个查询准备阶段进行详细的介绍。

6.2.1 获取对应的 DataStore 对象

由于 GeoMesa 内部很大程度上是基于 GeoTools 扩展的,因此用户需要调用 GeoTools 中 DataStore 的接口。如果存储引擎是 HBase,那获取 DataStore 的示例代码如代码清单 6-1 所示。

代码清单 6-1　获取 DataStore 的示例代码

```
Map<String, String> params = new HashMap<>();
params.put("hbase.catalog", "test");
params.put("hbase.zookeepers", "xxx.xxx.xxx.xx:2181");
DataStore datastore = DataStoreFinder.getDataStore(params);
```

在以上代码中,我们需要向 DataStoreFinder 的 getDataStore 方法中传入两个参数,一个是 "hbase.catalog" 参数,这是用来指定目录的,类似关系数据库中的 "库"。另一个参数是 "hbase.zookeepers",这个参数用于指定底层 HBase 对应的 ZooKeeper 节点地址和端口,如果指定多个节点，就需要使用逗号将这些节点地址和端口分隔开。

在 DataStoreFinder 内部，为了便于对 DataStore 进行扩展，DataStoreFinder 使用了 Java 的服务提供接口（Service Provider Interface，SPI）来进行 DataStore 对象的构造。在 Java 中，通常是需要利用 new 来进行对象的构造的，但是这样做的结果就是如果我们需要扩展一种新的实例，就需要重新修改代码，将新代码嵌入原有的代码中，并重新构建软件包，这样新代码和老代码耦合在一起，使得扩展和维护都会有很大的问题。

如果利用 SPI，就能够将新代码剥离出来，开发者只需要将新代码的全路径类名放在 META-INF/services 目录下的文件中，Java 就会自动扫描这些文件中的类路径，然后通过反射构造出新代码的实例对象，实现高内聚、低耦合、易于扩展的目标。

在获取到 DataStore 对象以后，实现具体的查询就需要构造相关的查询接口，并获取对应的查询数据对象，具体如代码清单 6-2 所示。

代码清单 6-2　查询数据

```
Query query = new Query("test_sft", ECQL.toFilter("INCLUDE"));
try(FeatureReader<SimpleFeatureType, SimpleFeature> reader =
dataStore.getFeatureReader(query, Transaction.AUTO_COMMIT)) {
    while (reader.hasNext()) {
        System.out.println(reader.next());
    }
}
```

在这里，我们需要构造一个查询对象 query，为其配置对应的查询条件，最后调用 DataStore 中的 getFeatureReader 方法，获取读取器——FeatureReader。GeoTools 有两个原生事务隔离级别："DEFAULT" 和 "AUTO_COMMIT"。GeoMesa 对其没有进行额外的扩展，此处使用的是 "AUTO_COMMIT"。具体获取 FeatureReader 对象的逻辑在 GeoMesaDataStore 中，相关代码实现如代码清单 6-3 所示。

代码清单 6-3　获取 FeatureReader 对象

```
override def getFeatureReader(query: Query, transaction: Transaction):
GeoMesaFeatureReader = {
    // 此处 GeoMesa 要求我们在 Query 对象中配置 SimpleFeatureType 的名字
    require(query.getTypeName != null, "Type name is required in the query")

    // 根据 SimpleFeatureType 的名字，获取 SimpleFeatureType 对象
    val sft = getSchema(query.getTypeName)

    // 一些校验逻辑
    ...

    // 获取 FeatureReader 对象
```

```
    getFeatureReader(sft, query)
  }
```

从代码中可以看出，这个获取过程分为两步，第一步是获取 SimpleFeatureType 对象，第二步才是获取 FeatureReader 对象。

6.2.2　获取 SimpleFeatureType 信息

在 6.2.1 小节中，我们已经了解到用户只需要一个 Query 对象就能够完成对 GeoMesa 的查询操作，不过在其内部是有很多技术细节的。

GeoMesa 会根据用户输入的参数，来获取对应的 SimpleFeatureType 信息，也就是表结构信息。GeoMesa 将 SimpleFeatureType 信息分为两部分存储，一部分是存储在 HBase 中的，另一部分则存储在缓存中。

在 getSchema 方法内部，GeoMesa 会先从元数据中对相关的 SimpleFeatureType 信息进行获取，如代码清单 6-4 所示。

代码清单 6-4　获取 Schema 对象

```
override def getSchema(typeName: String): SimpleFeatureType = {
  metadata.read(typeName, AttributesKey) match {
    case None => null
    case Some(spec) =>
        SimpleFeatureTypes.createImmutableType(config.namespace.orNull, typeName,
spec)
  }
```

在这里我们可以看到，元数据是从 metadata 参数中获取的，这个参数是在 GeoMesaMetadata 接口中声明的，而 GeoMesaMetadata 有两个实现类，一个是 TableBasedMetaData，另一个是 InMemoryMetaData，它们都各自实现了接口中的 read 方法，前者的元数据是从表中获取的，后者的是从内存中获取的。

调用 getSchema 方法可能会有两种情况，一种情况是如果无法读取 SimpleFeatureType 对象，就会返回 null，另一种情况就是如果能够获取相关的信息，那么 GeoMesa 会将这个信息转换成不可变的 SimpleFeatureType 对象（ImmutableSimpleFeatureType）。GeoMesa 将 SimpleFeatureType 对象转换成不可变的，主要是为了保证在查询流程当中，这个信息是稳定的。

最后，在 GeoMesaDataStore 类的 getSchema 方法中，在执行完 GeoMesaDataStore 父类的 getSchema 方法后，对其获取到的 SimpleFeatureType 信息还会进行一些校验，主要关于以下 3 个方面。

- 判断 SimpleFeatureType 是否为空，如果为空，就要尝试激活相关的信息，如果不为空，就会对其进行一些操作，确保对应元数据的正确性。

- 对其支持的分析操作进行校验。

- 对远端 GeoMesa-HBase 的版本进行校验，确保远程的数据能够被当前版本的 GeoMesa 客户端正常访问。

6.2.3 查询校验

查询校验对于数据管理引擎来说，是一个非常重要的操作，它会对用户传来的查询信息进行审查和纠正，确保查询的正常执行。在 GeoMesa 中，查询校验的过程同样是存在的，这个过程主要分为两部分，一部分是查询审核，另一部分是查询拦截器。这个过程同样是在查询准备阶段完成的。

对于查询审核，GeoMesa 同样是基于 Java SPI 来实现的。用户可以通过 "geomesa.query.audit" 参数来对 DataStore 进行配置。通过相关的日志输出类，GeoMesa 可以将校验的日志输出到指定的配置文件中。除此以外，GeoMesa 的审核功能与 Spring 框架进行了整合，用户使用 GeoServer 插件时，可以将相关的配置绑定在 Spring 的安全框架上。

除此以外，查询拦截器也可以对查询条件进行审核，在执行查询时，GeoMesa 会利用 QueryInterceptorFactory 来生产 QueryInterceptor 对象。除了校验，查询拦截器也支持对查询条件的重写，以便在真正执行查询之前，相关的查询条件可以进行调整。

目前，GeoMesa 的查询拦截器是以 Query Guard 的形式存在的，包括 3 种：FullTableScanQueryGuard、TemporalQueryGurad 和 GraduatedQueryGuard。

FullTableScanQueryGurad 是当 GeoMesa 出现全表扫描时的应对策略，它会在所有查询中被加载，如果发现涉及全表扫描，例如查询条件无法利用现有的索引，就会被触发，并抛出相关的异常，阻塞查询。

TemporalQueryGuard 是出现时间查询时的应对策略，且查询条件超出了最大的时间跨度，就会被触发并阻塞查询。

GraduatedQueryGuard 的作用是协调时间和空间的查询范围，因为 GeoMesa 内的时空索引中，时间和空间信息的跨度是相互联系的，启用这个拦截器，就会对不适配的时空查询进行拦截，并阻塞相关的查询流程。

除此以外，用户也可以自定义查询拦截器，只要实现 QueryInterceptor 接口及其内部的方法，如代码清单 6-5 所示，然后在 SimpleFeatureType 的 UserData 中添加 "geomesa.query.interceptors"

参数，并配置扩展类的全路径名即可。

代码清单 6-5　QueryInterceptor 接口声明

```
/**
  * QueryInterceptor 接口声明
  */
trait QueryInterceptor extends Closeable {

  /**
    * 初始化拦截器
    */
  def init(ds: DataStore, sft: SimpleFeatureType): Unit

  /**
    * 重写查询条件
    */
  def rewrite(query: Query): Unit

  /**
    * 声明拦截策略，可能会抛出 IllegalArgumentException
    */
  def guard(strategy: QueryStrategy): Option[IllegalArgumentException] = None
}
```

查询校验过程的实例在查询准备阶段就已经准备好，但是其真正触发是在生成查询计划的过程中发生的。

6.3　查询计划生成

在完成前期准备以后，程序已经确认查询条件是可用且合法的，接下来就该进入查询计划生成阶段。这是 GeoMesa 中数据查询的“重头戏”，又细分为 4 个阶段。

- 准备查询计划。
- 结合索引生成查询范围。
- 获取底层表信息。
- 构造存储引擎查询信息。

6.3.1　准备查询计划

经过前面的查询准备，接下来 GeoMesa 会进行查询计划的构建，代码实现位于

QueryPlanner 类的 runQuery 方法中，如代码清单 6-6 所示。这个过程一开始依然是需要进行一些准备工作的。

代码清单 6-6　runQuery 方法

```scala
override def runQuery(sft: SimpleFeatureType, query: Query, explain: Explainer):
CloseableIterator[SimpleFeature] = {
  // 获取查询计划的入口
  val plans = getQueryPlans(sft, query, None, explain)

  var iterator = SelfClosingIterator(plans.iterator).flatMap(p =>
  p.scan(ds).map(p.resultsToFeatures.apply))

  // 后续操作
  ...
}
```

这个阶段主要完成两个任务，一个是 Query 对象的重新配置，另一个就是查询策略（Strategy）的获取。

1. Query 对象的重新配置

对 Query 对象进行重新配置，具体实现位于 QueryRunner 类的 configureQuery 方法中，如代码清单 6-7 所示。

代码清单 6-7　configureQuery 方法

```scala
protected [geomesa] def configureQuery(sft: SimpleFeatureType, original: Query):
Query = {
  import org.locationtech.geomesa.index.conf.QueryHints.RichHints
  import
org.locationtech.geomesa.utils.geotools.RichSimpleFeatureType.RichSimpleFeatureType

  val query = new Query(original)

  // 内部的转换和配置逻辑
  ...

  // 如果没有其他的限制性过滤条件，就将查询的空间范围添加到查询条件中
  query.getHints.getDensityEnvelope.foreach { env =>
    val geom = query.getHints.getDensityGeometry.getOrElse(sft.getGeomField)
    val geoms = FilterHelper.extractGeometries(query.getFilter, geom)
    if (geoms.isEmpty || geoms.exists(g => !env.contains(g.getEnvelopeInternal))) {
      val split = GeometryUtils.splitBoundingBox(env.asInstanceOf[ReferencedEnvelope])
      val bbox = orFilters(split.map(ff.bbox(ff.property(geom), _)))
      if (query.getFilter == Filter.INCLUDE) {
        query.setFilter(bbox)
      } else {
```

```
        query.setFilter(andFilters(Seq(query.getFilter, bbox)))
      }
    }
  }

  if (query.getFilter != null && query.getFilter != Filter.INCLUDE) {
    query.setFilter(FastFilterFactory.optimize(sft, query.getFilter))
  }

  query
}
```

　　这里是对一些配置信息进行校验和重置，即用到了前文所说的用于查询校验的查询拦截器（Query Interceptor），如代码清单 6-8 所示。

代码清单 6-8　查询拦截器

```
// 查询重写
interceptors(sft).foreach { interceptor =>
  interceptor.rewrite(query)
  QueryRunner.logger.trace(s"Query rewritten by $interceptor to: $query")
}
```

　　除此以外，一些配置信息也需要在 Query 对象上重新配置，如代码清单 6-9 所示。

代码清单 6-9　配置 Query 对象信息

```
// 为查询对象配置 Hints
QueryPlanner.threadedHints.get.foreach { hints =>
  hints.foreach { case (k, v) => query.getHints.put(k, v) }
  // 清空软线程池中的信息
  QueryPlanner.threadedHints.clear()
}

// 操作与 Geoserver 相关的 Hints 信息
ViewParams.setHints(query)

// 设置转换操作
QueryPlanner.setQueryTransforms(sft, query)
// 设置 SimpleFeatureType 信息
query.getHints.put(QueryHints.Internal.RETURN_SFT, getReturnSft(sft, query.getHints))

// 设置谓词信息
QueryPlanner.setQuerySort(sft, query)
QueryPlanner.setProjection(sft, query)
QueryPlanner.setMaxFeatures(query)
```

这里有一个细节，GeoMesa 在配置 Hints 信息时，用到了 threadedHints，这个变量是其本身实现的一个软线程池（SoftThreadPool）。它能够将每一个线程对象封装在一个软引用中，由于 Java 虚拟机本身的垃圾回收机制对软引用对象更为宽容，只要内存空间足够，垃圾回收器就不会回收这个对象，因此能够保证这个对象在内存中能够存活较长的时间，这样的设计对于 Hints 这种敏感的查询信息来说，是比较合适的。

2. 查询策略的获取

对 Query 对象完成重新配置以后，接下来就是获取具体的查询策略，具体的实现在 QueryPlanner 类的 getQueryPlan 方法中，如代码清单 6-10 所示。

代码清单 6-10　获取查询策略

```
protected def getQueryPlan(
    sft: SimpleFeatureType,
    oriqinalQuery requested:Option[String],
    output: Explainer):Seq[QueryPlanner] = {

        val requestedIndex = requested.orElse(hints.getRequestedIndex)
        val transform = query.qetHints.getTransformSchema
        val evaluation = query.getHints.getCostEvaluation
        val strateqies =
                StrategyDecider.getFilterPlan(ds,sft,query.getFilter,
                    transform, evaluationrequestedIndex, output)
        output.popLevel()
        ...
```

可以看出，GeoMesa 有自己的策略选择器（StrategyDecider），getFilterPlan 方法封装了查询策略生成的真正逻辑，如代码清单 6-11 所示。

代码清单 6-11　获取查询计划

```
def getFilterPlan[DS <: GeoMesaDataStore[DS]](ds: DS,
                                    sft: SimpleFeatureType,
                                    filter: Filter,
                                    transform: Option[SimpleFeatureType],
                                    evaluation: CostEvaluation,
                                    requested: Option[String],
                                    explain: Explainer = ExplainNull):
Seq[FilterStrategy] = {

    def complete(op: String, time: Long, count: Int):Unit = explain(s"$op took ${time}ms
for $count options")

    val indices = ds.manager.indices(sft, mode = IndexMode.Read)

    // 获取可能用到的配置信息
    val options = profile((o: Seq[FilterPlan], t: Long) => complete("Query processing",
```

```
t, o.length)) {
        new FilterSplitter(sft, indices).getQueryOptions(filter, transform)
      }

    val selected = profile(t => complete("Strategy selection", t, options.length)) {
      if (requested.isDefined) {
        val forced = matchRequested(requested.get, indices, options, filter)
        explain(s"Filter plan forced to $forced")
        forced
      } else if (options.isEmpty) {
        explain("No filter plans found")
        FilterPlan(Seq.empty)
      } else if (options.lengthCompare(1) == 0) {
        // 如果只是一个简单查询，就不需要调用代价模型接口
        explain(s"Filter plan: ${options.head}")
        options.head
      } else {
        // 选择最佳的查询方案
        val stats = evaluation match {
          case CostEvaluation.Stats => Some(ds.stats)
          case CostEvaluation.Index => None
        }
        decider.selectFilterPlan(sft, options, stats, explain)
      }
    }

    selected.strategies
  }
```

我们可以看到内部的逻辑包括两步。

第一步是对查询的过滤条件进行切分，因为 GeoMesa 使用的是 GIS 里面通用的 ECQL 查询语法，因此也是支持诸如 "AND" "OR" 这样的逻辑运算的，但是真正交给底层存储的查询条件是针对具体表的，所以需要将大的 ECQL 语句切分开，从中寻找可能用到的配置信息。

第二步就是要结合第一步的配置信息，生成查询策略。GeoMesa 分了不同的情况。如果对查询条件有特殊要求，例如需要根据 ID 或者存在联合查询条件，那么会根据配置信息对查询策略进行转换。如果前面生成的配置信息为空，那么说明查询条件为空，GeoMesa 就会将空序列绑定到查询计划中。如果 GeoMesa 判定当前的查询非常简单，那么会直接将查询配置的头部信息返回。通常，GeoMesa 会进行查询代价的计算，最终将基于代价评估而选择的查询策略返回。

6.3.2　结合索引生成查询范围

正如前文所述，我们已经根据查询信息生成了需要的查询策略，接下来就需要用 Query

对象中的过滤条件，结合索引来生成相关的查询范围。GeoMesa 在存储数据时，会将空间数据映射为空间填充曲线上的点，具体就是数值，每一个数值都能够对应一个空间对象。在查询时，GeoMesa 就需要将我们的查询过滤条件转换为针对这些数值的查询条件，最终获取到对应的数据。这一部分的代码实现位于 GeoMesaFeatureIndex 类的 getQueryStrategy 方法中，如代码清单 6-12 所示。

代码清单 6-12　获取查询策略

```
    def getQueryStrategy(filter: FilterStrategy, hints: Hints, explain: Explainer =
ExplainNull): QueryStrategy = {
      import org.locationtech.geomesa.index.conf.QueryHints.RichHints

      // 1. 准备相关参数
      val sharing = keySpace.sharing
      val indexValues = filter.primary.map(keySpace.getIndexValues(_, explain))
      val useFullFilter = keySpace.useFullFilter(indexValues, Some(ds.config), hints)
      val ecql = if (useFullFilter) { filter.filter } else { filter.secondary }

      indexValues match {
        // 2. 生成 QueryStrategy 对象的逻辑
          ...
        }
    }
```

可以看到，这部分的逻辑包括两步，第一步是准备相关的参数，第二步就是根据 indexValues 参数来具体生成 QueryStrategy 对象。

在准备参数时，GeoMesa 通过当前对应的索引类中的 getIndexValues 方法，初步获取到对应当前查询条件的数值查询范围，例如对于 Z2 索引来说，对应逻辑是在 Z2IndexKeySpace 的 getIndexValues 方法中实现的，如代码清单 6-13 所示。

代码清单 6-13　获取索引值

```
    override def getIndexValues(filter: Filter, explain: Explainer): Z2IndexValues = {

      val geometries: FilterValues[Geometry] = {
        val extracted = FilterHelper.extractGeometries(filter, geomField, intersect =
true) // intersect since we have points
        if (extracted.nonEmpty) { extracted } else { FilterValues(Seq(WholeWorldPolygon)) }
      }

      explain(s"Geometries: $geometries")

      if (geometries.disjoint) {
        explain("Non-intersecting geometries extracted, short-circuiting to empty query")
        return Z2IndexValues(sfc, geometries, Seq.empty)
      }
```

```
// 通过空间填充曲线的接口，获取对应的数值查询范围
val xy: Seq[(Double, Double, Double, Double)] = {
  val multiplier = QueryProperties.PolygonDecompMultiplier.toInt.get
  val bits = QueryProperties.PolygonDecompBits.toInt.get
  geometries.values.flatMap(GeometryUtils.bounds(_, multiplier, bits))
}

Z2IndexValues(sfc, geometries, xy)
}
```

除此以外，还需要注意二级索引的问题。

GeoMesa 会对查询逻辑进行判断，看通过当前的查询条件是否能够获取到对应的数据信息，也就是代码清单 6-14 所示的 useFullFilter 方法，这个方法是在 IndexKeySpace 内部定义的，GeoMesa 内部所有的索引都实现了对应的判断逻辑。

代码清单 6-14　useFullFilter 方法

```
override def useFullFilter(values: Option[Z2IndexValues],
                          config: Option[GeoMesaDataStoreConfig],
                          hints: Hints): Boolean = {
    val looseBBox =
Option(hints.get(LOOSE_BBOX)).map(Boolean.unbox).getOrElse(config.forall(_.queries.loo
seBBox))
    lazy val simpleGeoms =
values.toSeq.flatMap(_.geometries.values).forall(GeometryUtils.isRectangular)

    !looseBBox || !simpleGeoms
  }
```

如果当前的查询条件无法满足查询需求，就会启用 GeoMesa 内部的二级索引机制。

在 getQueryStrategy 中的第二步，就是通过对 indexValues 进行匹配，构建 QueryStrategy 对象的。这里 GeoMesa 区分了两种情况，一种是如果获取到的查询条件没有对应的数值查询范围，那可能就需要调用全表扫描，如代码清单 6-15 所示。这是非常耗时的操作，不过如果用户没有给定具体的查询范围，这样做也是符合逻辑的。

代码清单 6-15　构建 QueryStrategy 对象

```
if (hints.getMaxFeatures.forall(_ > QueryProperties.BlockMaxThreshold.toInt.get)) {
    QueryProperties.BlockFullTableScans.onFullTableScan(sft.getTypeName,
filter.filter.getOrElse(Filter.INCLUDE))
    }
    val keyRanges = Seq(UnboundedRange(null))
    val byteRanges = Seq(BoundedByteRange(sharing,
ByteArrays.rowFollowingPrefix(sharing)))
```

```
      QueryStrategy(filter, byteRanges, keyRanges, Seq.empty, ecql, hints,
indexValues)
```

另一种情况是如果对应的数值查询范围能够匹配到结果，那么 GeoMesa 会对这个数值
查询范围进行更加精细的加工，如代码清单 6-16 所示。

代码清单 6-16　精细化数值查询范围并构建 QueryStrategy 对象

```
      val keyRanges = keySpace.getRanges(values).toSeq
      val tier = tieredKeySpace.orNull.asInstanceOf[IndexKeySpace[Any, Any]]

      if (tier == null) {
        val byteRanges = keySpace.getRangeBytes(keyRanges.iterator).toSeq
        QueryStrategy(filter, byteRanges, keyRanges, Seq.empty, ecql, hints,
indexValues)
      } else {
        val secondary = filter.secondary.orNull
        if (secondary == null) {
          val byteRanges = keySpace.getRangeBytes(keyRanges.iterator, tier =
true).map {
            case BoundedByteRange(lo, hi)      => BoundedByteRange(lo,
ByteArrays.concat(hi, ByteRange.UnboundedUpperRange))
            case SingleRowByteRange(row)       => BoundedByteRange(row,
ByteArrays.concat(row, ByteRange.UnboundedUpperRange))
            case UpperBoundedByteRange(lo, hi) => BoundedByteRange(lo,
ByteArrays.concat(hi, ByteRange.UnboundedUpperRange))
            case LowerBoundedByteRange(lo, hi) => BoundedByteRange(lo, hi)
            case UnboundedByteRange(lo, hi)    => BoundedByteRange(lo, hi)
            case r => throw new IllegalArgumentException(s"Unexpected range type $r")
          }.toSeq
          QueryStrategy(filter, byteRanges, keyRanges, Seq.empty, ecql, hints,
indexValues)
        } else {
          val bytes = keySpace.getRangeBytes(keyRanges.iterator, tier = true).toSeq

          val tiers = {
            val multiplier = math.max(1, bytes.count(_.isInstanceOf[SingleRowByteRange]))
            tier.getRangeBytes(tier.getRanges(tier.getIndexValues(secondary,
explain), multiplier)).toSeq
          }
          lazy val minTier = ByteRange.min(tiers)
          lazy val maxTier = ByteRange.max(tiers)

          val byteRanges = bytes.flatMap {
            case SingleRowByteRange(row) =>
              // 单行查询
              if (tiers.isEmpty) {
                Iterator.single(BoundedByteRange(row, ByteArrays.concat(row,
```

```
ByteRange.UnboundedUpperRange)))
                    } else {
                      tiers.map {
                        case BoundedByteRange(lo, hi) => BoundedByteRange(ByteArrays.concat
(row, lo), ByteArrays.concat(row, hi))
                        case SingleRowByteRange(trow) => SingleRowByteRange
(ByteArrays.concat(row, trow))
                      }
                    }

              case BoundedByteRange(lo, hi) => Iterator.single
(BoundedByteRange(ByteArrays.concat(lo, minTier), ByteArrays.concat(hi, maxTier)))
              case LowerBoundedByteRange(lo, hi) => Iterator.single(BoundedByteRange
(ByteArrays.concat(lo, minTier), hi))
              case UpperBoundedByteRange(lo, hi) => Iterator.single(BoundedByteRange(lo,
ByteArrays.concat(hi, maxTier)))
              case UnboundedByteRange(lo, hi) => Iterator.single(BoundedByteRange(lo, hi))
              case r => throw new IllegalArgumentException(s"Unexpected range type $r")
          }

        QueryStrategy(filter, byteRanges, keyRanges, tiers, ecql, hints, indexValues)
      }
    }
```

首先 GeoMesa 会判断查询条件是否涉及分层（tier）。如果没有涉及，那么会直接将查询范围转换成为二进制的查询范围，以构造对应的 QueryStrategy 对象。

如果涉及分层，那么 GeoMesa 会判断是否有二级索引。如果没有二级索引，它会将对应的数值范围直接封装到特定的对象中，直接构造对应的 QueryStrategy 对象；如果涉及二级索引，就需要对查询条件进行修剪，最终将加工完成的结果封装到 QueryStrategy 对象之中。

整个过程都是围绕着底层索引结构来完成的，这样能够尽可能保证查询条件贴合底层数据的分布，从而尽可能提升查询性能。

6.3.3　获取底层表信息

结合索引生成查询范围以后，查询过滤条件就能够用于真正的查询操作了。不过还有一些关于底层表的元数据信息同样需要整合进来，例如表的列族、表结构等。这一部分的代码实现是位于每一个数据源对应 IndexAdapter 类的 createQueryPlan 方法中的，如代码清单 6-17 所示。

代码清单 6-17　创建查询计划

```
override def createQueryPlan(strategy: QueryStrategy): HBaseQueryPlan = {

  import org.locationtech.geomesa.index.conf.QueryHints.RichHints
```

```
    val QueryStrategy(filter, byteRanges, _, _, ecql, hints, _) = strategy
    val index = filter.index

    val ranges = byteRanges.map {
      case BoundedByteRange(start, stop) => new RowRange(start, true, stop, false)
      case SingleRowByteRange(row)       => new RowRange(row, true,
  ByteArrays.rowFollowingRow(row), false)
    }
    val small = byteRanges.headOption.exists(_.isInstanceOf[SingleRowByteRange])

    val tables = index.getTablesForQuery(filter.filter).map(t =>
  TableName.valueOf(s"${ds.config.namespace.getOrElse("default")}:$t"))
    val (colFamily, schema) = groups.group(index.sft, hints.getTransformDefinition, ecql)

    val transform: Option[(String, SimpleFeatureType)] = hints.getTransform

    // 查看查询计划是否为实
    def empty(reducer: Option[FeatureReducer]): Option[HBaseQueryPlan] =
      if (tables.isEmpty || ranges.isEmpty) { Some(EmptyPlan(filter, reducer)) } else { None }

    // 后续逻辑
    ...
  }
```

一开始的 QueryStrategy 就是前文中讲解的结合索引构造的 QueryStrategy 对象，接下来 GeoMesa 对处理过的索引对象进行转换，由于查询有可能是等值查询（SingleRowByteRange），也可能是范围查询（BoundedByteRange），GeoMesa 将这些查询全部都转换成 RowRange 对象，以便生成具体的查询逻辑。

接下来就是针对底层的表元数据的一些操作，例如获取一些表元数据信息、列族信息以及数据的转换信息等。

6.3.4 构造存储引擎查询信息

完成前面的准备工作以后， GeoMesa 内部的一些基本查询逻辑已经加工完成，接下来需要将 GeoMesa 的查询信息与底层的存储引擎对接上。查询优化执行位置在 createQueryPlan 中被分为两个部分，一部分是完全由 GeoMesa 来完成过滤的，另一部分是将数据处理的任务交给 HBase 协处理器来完成，如代码清单 6-18 所示。

代码清单 6-18 构建 QueryStrategy 对象

```
if (!ds.config.remoteFilter) {
  // 所有数据处理都交给 HBase 客户端，也就是 GeoMesa 来完成
  val arrowHook = Some(ArrowDictionaryHook(ds.stats, filter.filter))
```

```
          val reducer = Some(new LocalTransformReducer(schema, filter.filter, None,
transform, hints, arrowHook))
        empty(reducer).getOrElse {
          val scans = configureScans(tables, ranges, small, colFamily, Seq.empty,
coprocessor = false)
          val resultsToFeatures = new HBaseResultsToFeatures(index, schema)
          val sort = hints.getSortFields
          val max = hints.getMaxFeatures
          val project = hints.getProjection
          ScanPlan(filter, ranges, scans, resultsToFeatures, reducer, sort, max, project)
        }
      } else {
        // 数据处理交给 HBase 协处理器完成的逻辑
        ...
      }
```

GeoMesa 提供了一个参数 "geomesa.hbase.remote.filtering"，用户可以通过配置这个参数来决定查询的执行是放在 HBase 的客户端还是服务器端。如果选择在客户端执行，查询逻辑就如代码清单 6-18 所示，相对来说是比较简单的，直接将相关的信息封装到 ScanPlan 对象当中即可。

如果用户配置为在服务器端执行，那么逻辑就会比较复杂，因为需要对查询逻辑与 HBase 协处理器的逻辑进行大量的适配。

首先是索引优先级的适配，因为 GeoMesa 支持的索引是很多的，而同一张表在底层往往对应了很多张索引表，因此就需要根据前面产生的查询策略，将查询对象转换到对应的表上，如代码清单 6-19 所示，主要是针对与时空相关的索引，而且也只有针对点数据的索引。

代码清单 6-19　根据查询策略构建过滤器

```
          val indexFilter = strategy.index match {
            case _: Z3Index =>
              strategy.values.map { case v: Z3IndexValues =>
                (Z3HBaseFilter.Priority, Z3HBaseFilter(Z3Filter(v),
index.keySpace.sharding.length))
              }
            case _: Z2Index =>
              strategy.values.map { case v: Z2IndexValues =>
                (Z2HBaseFilter.Priority, Z2HBaseFilter(Z2Filter(v),
index.keySpace.sharding.length))
              }
            case _: S2Index =>
              strategy.values.map { case v: S2IndexValues =>
                (S2HBaseFilter.Priority, S2HBaseFilter(S2Filter(v),
index.keySpace.sharding.length))
              }
            case _: S3Index =>
```

```
            strategy.values.map { case v: S3IndexValues =>
               (S3HBaseFilter.Priority, S3HBaseFilter(S3Filter(v),
index.keySpace.sharding.length))
            }
         case _ => None
      }
```

　　然后需要适配的就是最大返回的数据条数、返回字段以及过滤条件，如代码清单 6-20 所示。max 表示的是查询最大返回的数据条数，类似于 SQL 语法中的"limit"子句。cqlFilter 则包含一些与 ECQL 相关的查询过滤逻辑，当然 HBase 协处理器是能够单独承担查询任务的，这样将过滤条件下推到 HBase 层是有非常多好处的。一方面数据回传的总量变少，另一方面将过滤操作转变为适应分布式系统的操作，最终的结果就是极大地加快查询执行的效率。

代码清单 6-20　构建 QueryStrategy 对象

```
         val max = hints.getMaxFeatures
         val projection = hints.getProjection
         lazy val returnSchema = transform.map(_._2).getOrElse(schema)
         lazy val filters = {
           val cqlFilter = if (ecql.isEmpty && transform.isEmpty &&
hints.getSampling.isEmpty) { Seq.empty } else {
              Seq((CqlTransformFilter.Priority, CqlTransformFilter(schema, strategy.index,
ecql, transform, hints)))
           }
           (cqlFilter ++ indexFilter).sortBy(_._1).map(_._2)
         }
         lazy val coprocessorOptions =
           Map(GeoMesaCoprocessor.YieldOpt ->
String.valueOf(ds.config.coprocessors.yieldPartialResults))
         lazy val scans = configureScans(tables, ranges, small, colFamily, filters,
coprocessor = false)
         lazy val coprocessorScans =
           configureScans(tables, ranges, small, colFamily, indexFilter.toSeq.map(_._2),
coprocessor = true)
         lazy val resultsToFeatures = new HBaseResultsToFeatures(index, returnSchema)
         lazy val localReducer = {
           val arrowHook = Some(ArrowDictionaryHook(ds.stats, filter.filter))
           Some(new LocalTransformReducer(returnSchema, None, None, None, hints, arrowHook))
         }
```

　　最后需要适配的就是一些统计的操作，这些操作往往是在 Query 对象的 Hints 中配置的。Hints 是一些查询线索，是对 ECQL 的语法表达能力的补充。同样，Hints 在 SQL 中也会出现，是数据库领域里面比较常见的操作。

　　GeoMesa 会集中处理 5 种情况：密度相关的查询、针对利用 Arrow 转换过的查询、分析统计、针对二进制数据的查询、默认的查询。它们都会在极大程度上影响到底层查询流程的统计操作，因为这些操作会有不同的回传格式，如代码清单 6-21 所示。

代码清单 6-21　GeoMesa 对 Hints 的处理

```
            if (hints.isDensityQuery) {
              empty(None).getOrElse {
                if (ds.config.coprocessors.enabled.density) {
                  val options = HBaseDensityAggregator.configure(schema, index, ecql, hints)
++ coprocessorOptions
                  val results = new HBaseDensityResultsToFeatures()
                  CoprocessorPlan(filter, ranges, coprocessorScans, options, results, None,
max, projection)
                } else {
                  if (hints.isSkipReduce) {
                    hints.hints.put(QueryHints.Internal.RETURN_SFT, returnSchema)
                  }
                  ScanPlan(filter, ranges, scans, resultsToFeatures, localReducer, None, max,
projection)
                }
              }
            } else if (hints.isArrowQuery) {
              val config = HBaseArrowAggregator.configure(schema, index, ds.stats,
filter.filter, ecql, hints)
              val reducer = Some(config.reduce)
              empty(reducer).getOrElse {
                if (ds.config.coprocessors.enabled.arrow) {
                  val options = config.config ++ coprocessorOptions
                  val results = new HBaseArrowResultsToFeatures()
                  CoprocessorPlan(filter, ranges, coprocessorScans, options, results, reducer,
max, projection)
                } else {
                  if (hints.isSkipReduce) {
                    hints.hints.put(QueryHints.Internal.RETURN_SFT, returnSchema)
                  }
                  ScanPlan(filter, ranges, scans, resultsToFeatures, localReducer, None, max,
projection)
                }
              }
            } else if (hints.isStatsQuery) {
              val reducer = Some(StatsScan.StatsReducer(returnSchema, hints))
              empty(reducer).getOrElse {
                if (ds.config.coprocessors.enabled.stats) {
                  val options = HBaseStatsAggregator.configure(schema, index, ecql, hints) ++
coprocessorOptions
                  val results = new HBaseStatsResultsToFeatures()
                  CoprocessorPlan(filter, ranges, coprocessorScans, options, results, reducer,
max, projection)
                } else {
                  if (hints.isSkipReduce) {
                    hints.hints.put(QueryHints.Internal.RETURN_SFT, returnSchema)
```

```
                }
                ScanPlan(filter, ranges, scans, resultsToFeatures, localReducer, None, max,
projection)
            }
          }
        } else if (hints.isBinQuery) {
          empty(None).getOrElse {
            if (ds.config.coprocessors.enabled.bin) {
              val options = HBaseBinAggregator.configure(schema, index, ecql, hints) ++
coprocessorOptions
              val results = new HBaseBinResultsToFeatures()
              CoprocessorPlan(filter, ranges, coprocessorScans, options , results, None,
max, projection)
            } else {
              if (hints.isSkipReduce) {
                hints.hints.put(QueryHints.Internal.RETURN_SFT, returnSchema)
              }
              ScanPlan(filter, ranges, scans, resultsToFeatures, localReducer, None, max,
projection)
            }
          }
        } else {
          empty(None).getOrElse {
            ScanPlan(filter, ranges, scans, resultsToFeatures, None, hints.getSortFields,
max, projection)
          }
        }
```

其中可能用得比较多的是针对统计信息的查询，在数据的查询分析中，查询下推是一种非常基本的查询优化方法，它可以将查询条件尽可能下推到存储引擎，减少数据传输，提高查询效率，因为 GeoMesa 查询下推最大的优点就是可以将统计操作交给 HBase 协处理器来完成。对数据库来说，例如数据量 Count、最小值 Min、最大值 Max 这样的统计操作，往往是需要将所有数据都遍历以后，才能获取结果的，而在 GeoMesa 中，通过 HBase 协处理器，能够实现类似于先分布式计算再归并整合的效果，是能够大大提升效率的。我们也在使用过程中进行过测试，这对性能的优化是非常明显的，尤其是在大数据场景下，在百万级数据量的情况下，统计操作的执行速度是可以超过 MySQL 的。

到这里，GeoMesa 已经构造出底层查询需要的 ScanPlan 对象了，所有的查询信息都已经准备完毕，接下来就需要将 ScanPlan 交给相关的对象，正式触发查询流程。

6.4 执行并获取数据

前文中，GeoMesa 已经将用户的查询信息都整合起来，转换成底层的查询对象，接下来需要正式触发整个查询流程。由于 GeoMesa 的数据查询，最终会给用户返回一个迭代器，用户在获取迭代器之后才会真正获取数据，因此这个过程主要分为两步，第一步是执行查询，第二步是获取数据。

6.4.1 执行查询

执行查询的过程就是获取迭代器的过程，GeoMesa 的执行查询入口是 ScanPlan 模板类的 singleTableScan 方法，如代码清单 6-22 所示。

代码清单 6-22 获取 TableScan 对象

```
override protected def singleTableScan(
    scan: TableScan,
    connection: Connection,
    threads: Int,
    timeout: Option[Timeout]): CloseableIterator[Result] = {
  HBaseBatchScan(this, connection, scan.table, scan.scans, threads, timeout)
}
```

我们可以看到，singleTableScan 方法需要的是 TableScan 对象、与 HBase 的连接对象、读取数据的线程数量以及查询的超时时间。

在 HBaseBatchScan 类的内部，我们可以看到最终的启动操作是通过调用 AbstractBatchScan 类中的 start 方法来执行的，start 方法的内部逻辑如代码清单 6-23 所示。

代码清单 6-23 start 方法

```
protected def start(): CloseableIterator[R] = {
  var i = 0
  while (i < threads) {
    pool.submit(new SingleThreadScan())
    i += 1
  }
  pool.submit(terminator)
  pool.shutdown()
  this
}
```

6.4.2 获取数据

获取数据是多线程并发完成的，了解其过程可以参考 AbstractBatchScan 类中的 hasNext 以及 next 方法，如代码清单 6-24 所示。

代码清单 6-24　hasNext 方法和 next 方法

```
override def hasNext: Boolean = {
  if (retrieved != null) {
    true
  } else {
    retrieved = outQueue.take
    if (!retrieved.eq(sentinel)) {
      true
    } else {
      outQueue.put(sentinel)
      retrieved = null.asInstanceOf[R]
      this.synchronized {
        if (error != null) {
          throw error
        }
      }
      false
    }
  }
}

override def next(): R = {
  val n = retrieved
  retrieved = null.asInstanceOf[R]
  n
}
```

代码中用到了一个比较通用的数据库查询思路，即将数据获取分为判断当前位置数据是否存在以及获取当前位置数据两个步骤。

在判断迭代器当前指向的位置是否有数据时，如果 retrieved 变量不为空，可能是因为之前没有获取数据，就直接返回 true；如果 retrieved 变量为空，就需要判断，从当前输出队列中，能否获取对应的数据。这时候要对 Scan 对象上锁，捕获其中抛出的异常信息。当然异常信息不是在获取数据时得到的，而是在执行查询操作过程中得到的。

GeoMesa 采取了一个非常有意思的设计，就是它定义了两个队列，一个是存放 Scan 对象的 inQueue，另一个是存放返回数据的 outQueue，如代码清单 6-25 所示。

代码清单 6-25　输入输出队列

```
private val inQueue = new ConcurrentLinkedQueue(ranges.asJava)
private val outQueue = new LinkedBlockingQueue[R](buffer)
```

可以看到，inQueue 内部放置的是查询范围的列表，其数据结构是 ConcurrentLinkedQueue，是 Java 中 concurrent 包下面的一种线程安全的数据结构，它的任务就是将 GeoMesa 生成的比较复杂的查询条件，以队列的形式存储起来，支持高并发的同时要保证线程安全。

而 outQueue 存储的是最终查询的结果，buffer 参数代表当前这个队列里面的元素个数，LinkedBlockingQueue 这种数据结构同样在 Java 中 concurrent 包下面。

这样由两个队列来维护查询的好处是比较明显的，因为都是支持并发操作的，所以查询效率会有很大的提升。但是问题也比较明显，即查询结果的顺序是无法得到保证的，尤其是如果我们配置了最大返回条数，那么这种问题会尤为明显。例如我们如果总共有 1000 条数据，需要返回 10 条，那么最终的结果就是每一次查询的 10 条数据的顺序都不一样，因为多线程并发查询的顺序是无法保证的。

其解决方案是调整并发度，我们在 GeoMesaDataStoreFactory 中可以看到相关的参数配置，如代码清单 6-26 所示。

代码清单 6-26　查询线程参数

```
val QueryThreadsParam =
  new GeoMesaParam[Integer](
    "geomesa.query.threads",
    "The number of threads to use per query",
    default = Int.box(8),
    deprecatedKeys = Seq("queryThreads", "accumulo.queryThreads"),
    systemProperty = Some(QueryThreadsSysParam),
    supportsNiFiExpressions = true,
    readWrite = ReadWriteFlag.ReadUpdate
  )
```

可以看出默认情况下，并发度是 8，会比完全的串行读取更快，但是建议用户结合自身的业务场景，进行灵活配置。

6.5　本章小结

本章主要对 GeoMesa 的数据查询流程进行了比较详细的介绍，先从比较宏观的角度介绍了数据查询的基本流程，然后对查询准备、查询计划生成、执行并获取数据这 3 个阶段进行了比较详细的介绍，对比较重要的源码进行了剖析，希望能够帮助读者更为清晰地了解 GeoMesa 在查询数据时的整个流程。

第 **7** 章

数据统计

对于数据管理系统来说，数据的统计值主要用来描述数据长什么样子，是描述底层数据非常重要的信息，也是数据管理系统对数据进行高效管理的重要基础。GeoMesa 作为一款针对时空数据的数据管理工具，也对数据统计进行了相关的扩展。本章将从以下 4 个方面介绍 GeoMesa 在数据统计方面的功能。

- 数据统计概述。

- 统计功能。

- 统计信息获取方法。

- 执行流程。

7.1　数据统计概述

对数据的统计在我们的日常生活中是非常普遍的，例如我们需要统计一个时间段内，产生了多少个订单，有多少人通过了同一个路口等。这些统计数据对我们来说是非常重要的特征数据，我们可以根据这些数据获得一些统计信息。

在数据管理系统当中，往往需要管理海量的数据，如果每一次的数据操作都需要操作全量数据，那么必然会导致有限的计算资源被浪费，甚至存在被大量计算任务"挤爆"的风险。因此在管理数据之前，预知数据的"样貌"就非常重要。在大量成熟的数据管理系统当中，数据统计一直都是非常核心的内容。

GeoMesa 同样在数据统计方面实现了很多的功能，除了面向基本数据类型的统计操作，GeoMesa 也实现了面向时空数据场景的数据直方图构建。而且这些数据统计方面的功能不仅可以单独调用，在 GeoMesa 具体的查询操作内部也可以调用。

7.2 统计功能

一般的数据管理系统都会有数据类型体系，其中包含很多数据类型，例如数值类型（Integer、Double 等）、字符串类型（String）、日期类型（Date、Timestamp 等）、布尔类型（Boolean）等。这些类型的数据是一维数据，都有比较直接的数据统计策略，如计算所有数值类型数据的最小值、最大值等。

GeoMesa 支持的基本统计功能如表 7-1 所示。

表 7-1 GeoMesa 支持的基本统计功能

统计功能	实现类	统计信息查询语句
个数	CountStat	Count()
最大值和最小值	MinMax	MinMax("foo")
统计每个元素的个数	Enumeration	Enumeration("foo")
最大或最小的 K 个元素	TopK	TopK("foo")
频率	Frequency	Frequency("foo")
等宽直方图	Histogram	Histogram("foo", <bins>, <min>, <max>)

其中比较容易理解的是前两条查询语句，Count 的作用是统计全量数据的条数，MinMax 统计的是数据集中的最大值和最小值。

Enumeration 功能表示的是数据集中每种元素的个数，即它会对所有元素进行分组，并对每一组中元素的个数进行统计，最后会返回一个元素和个数的映射关系。比如我们有一个数据集，其中有 100 条数据，这些数据里面有 30 个 1、20 个 2、50 个 3，那么 Enumeration 就会将这个信息统计出来并交给用户。具体示例如代码清单 7-1 所示，我们使用的测试数据中，有 12 个 900、14 个 901，最后以 "POINT(0 0)" 结尾是因为我们仍然使用 SimpleFeature 作为封装数据的模板，需要一个空间类型数据来占位。

代码清单 7-1　Enumeration 统计结果示例

```
ScalaSimpleFeature:stat:{"900":12,"901":14}|POINT (0 0)
```

TopK 表示的是在一个数据集中寻找最大或最小的 K 条数据，这里的 "最" 可能是最大值、最小值，对于时间数据类型也可能是最早或者最晚。从逻辑上来看，这个分析操作和前面求最小值、最大值的逻辑是非常类似的，但是由于它是在海量数据中提取几条，因此底层实现上也是相对来说不同的。最传统的办法之一当然是使用经典的排序算法来提取最大或者最小的 K 个值，一些优化算法也是基于传统的优化思路来实现的。在 GeoMesa 中使用了

Space-Saving 算法和 Stream-Summary 数据结构来进行 TopK 的计算,具体的论文是"Efficient Computation of Frequent and Top-k Elements in Data Streams",感兴趣的读者可以对其进行深入研究。具体示例如代码清单 7-2 所示。

代码清单 7-2 TopK 统计结果示例

```
ScalaSimpleFeature:stat:{
    "0":{"value":975,"count":20},
    "1":{"value":911,"count":17},
    "2":{"value":927,"count":17},
    "3":{"value":958,"count":17},
    "4":{"value":986,"count":17},
    "5":{"value":939,"count":16},
    "6":{"value":965,"count":16},
    "7":{"value":908,"count":16},
    "8":{"value":982,"count":15},
    "9":{"value":990,"count":14}
}|POINT (0 0)
```

频率和等宽直方图就是比较普通的统计功能,在此不赘述。

7.3 统计信息获取方法

在使用方面,GeoMesa 支持两种统计信息获取方法,一种是通过 Hints,类似于 SQL 中的 Hints,用户可以将自己需要的信息以字符串的形式写到配置中,获取对应的统计信息,另一种是直接通过接口来获取统计信息,本节会对这两种统计信息获取方法进行介绍。

7.3.1 通过 Hints 来获取统计信息

一般,比较抽象的查询语言无法完全将所有的情况都提前考虑到。上下文查询语言(Contextual Query Language,CQL)是一种比较抽象的查询语言,因此在具体的时空场景下,很多时候就无法完全满足所有的需求。

因此,GeoTools 中引入了 Hints 这个机制,它可以用来告诉优化器按照一些具体的方式来生成查询计划、需要什么样的统计信息,以及根据底层具体的物理存储进行针对性的优化。在 GeoMesa 中,它对 Hints 进行了扩展,用户可以直接在 Query 对象的 Hints 信息中,添加数据统计的相关方法,用来控制数据的返回方式、返回内容以及返回格式。

例如我们需要获取一张表的 Enumeration 信息,就可以使用代码清单 7-3 所示的这种方式来实现。

代码清单 7-3　获取 Enumeration 信息

```
val param = Map(
  "hbase.catalog" -> "test_catalog",
  "hbase.zookeepers" -> "node01:2181,node02:2181,node03:2181"
)

val dataStore = DataStoreFinder.getDataStore(param.asJava)
val query = new Query("test_sft")
query.getHints.put(QueryHints.STATS_STRING, "Enumeration('attr')")
WithClose(dataStore.getFeatureReader(query, Transaction.AUTO_COMMIT)) {
  reader =>
    while (reader.hasNext) {
      println(reader.next())
    }
}
```

统计信息仍然会被封装成 SimpleFeature 对象，这个对象的信息会被转化成 JSON 格式，用户直接解析 JSON 格式的信息就能获取到需要的统计信息。

7.3.2　通过接口来获取统计信息

除了上面直接通过 Hints 来获取统计信息，GeoMesa 也支持通过接口来获取统计信息，如代码清单 7-4 所示。

代码清单 7-4　获取统计信息

```
val param = Map(
  "hbase.catalog" -> "test_catalog",
  "hbase.zookeepers" -> "node01:2181,node02:2181,node03:2181"
)

val dataStore = DataStoreFinder.getDataStore(param.asJava)
val sft = dataStore.getSchema("509")
val result =
    dataStore.asInstanceOf[HBaseDataStore].stats
        .getEnumeration(sft, "order_time", Filter.INCLUDE, exact = true)
```

通过这种方法，我们可以通过代码来获取需要的统计信息，不必触发查询操作。

我们可以看到一个很特殊的参数，就是 exact，它是一个布尔类型的参数，用于控制我们获取的统计信息是否是准确的。这其实涉及 GeoMesa 的元数据缓存机制，在数据管理过程中，统计信息是高频使用的信息，因此 GeoMesa 将统计信息缓存在内存当中。但是内存中数据统计信息的更新与底层真实数据的更新并不同频，也就是说在内存中存在的统计信息并不是准确值，而是估计值。

因此这个参数可以控制我们在获取统计信息时，到底获取的是存在内存中的统计信息还是底层数据的真实统计信息。

如果这个参数配置为 true，那么获取的是使用底层真实数据的统计值，这样往往会触发实打实的数据统计过程，会比较慢，也可能阻塞其他的查询操作，但是这样获取的结果一定是准确的。

如果这个参数配置为 false，那么获取的是保存在内存中的统计信息估计值。这些统计信息获取得非常快，但是弊端也比较明显，一方面它并不准确，对于一些对准确性要求不高的场景尚可支持，但是如果对准确性要求比较高的场景，就会出现很明显的问题。另一方面，内存是容易丢失数据的，因此采用这种方式也是有很大风险的。

7.4 执行流程

以上是关于 GeoMesa 基本的数据统计功能以及统计信息获取方法的介绍，那在 GeoMesa 内部是如何完成这些操作的呢？本节会对 GeoMesa 的数据统计执行流程和内部逻辑进行介绍。

7.4.1 流程概述

GeoMesa 的执行流程逻辑可以分为两个部分，一部分是客户端（Client）逻辑，一部分是服务器端（Server）逻辑。GeoMesa 本身往往充当的是客户端，而服务器端由底层的存储逻辑来充当，不过有一些底层存储引擎是能够支持数据管理逻辑的扩展的，例如 HBase。GeoMesa 对这种存储引擎开发了对应的运行时逻辑，目的就是让数据查询和统计逻辑能够尽可能在服务器端完成，最终交给客户端的结果数据只需要进行简单的处理即可发送给用户。整个流程大体的逻辑如图 7-1 所示。

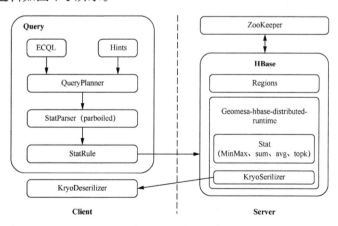

图 7-1　执行流程逻辑

在图 7-1 中,我们可以看到,整个执行流程可以分为 3 个阶段。第一个阶段是在客户端进行信息整合,其中包含对命令的解析。第二个阶段是在服务器端进行数据统计执行,主要是利用 HBase 协处理器,并对其中的功能进行了扩展。第三个阶段是对统计信息的序列化和反序列化。接下来我们会对这 3 个阶段的具体内容进行讲解。

7.4.2 命令解析

统计过程一般都是利用 Hints 操作来发起的,因此需要从 Query 对象中提取 Hints 信息。这部分的入口位于 QueryPlanner 类中的 fromQueryType 方法,如代码清单 7-5 所示。

代码清单 7-5 fromQueryType 方法

```
def fromQueryType: Option[Seq[String]] = {
  val hints = query.getHints
  if (hints.isBinQuery) {
    Some(BinAggregatingScan.propertyNames(hints, sft))
  } else if (hints.isDensityQuery) {
    Some(DensityScan.propertyNames(hints, sft))
  } else if (hints.isStatsQuery) {
    Some(StatParser.propertyNames(sft, hints.getStatsQuery))
  } else {
    None
  }
}
```

这里 GeoMesa 是需要进行一步转换的,转换的目的就是将 Hints 中,统计信息涉及的参数提取出来。从这里开始,我们的命令解析过程就正式开始了。

在这个过程中,GeoMesa 使用到了 Parboiled 框架,它是一款轻量级的基于 Java、Scala 的解析工具。通过继承 Parboiled 框架中的 Parser 特质,GeoMesa 可以非常便捷地完成一些比较简单的语句的语法解析,而不是使用非常笨拙的 ANTLR 等。

在具体实现层面上,添加新的语法逻辑也非常简单,GeoMesa 解析命令的代码实现如代码清单 7-6 所示。

代码清单 7-6 解析命令的代码实现

```
private def singleStat: Rule1[Stat] = rule {
    count | minMax | groupBy | descriptiveStats | enumeration |
    topK | histogram | frequency | z3Histogram | z3Frequency |
    iteratorStack | avg | min | max | sum
}

private def names: Rule1[Seq[String]] = rule {
    countNames | minMaxNames | groupByNames | descriptiveStatsNames |
```

```
    enumerationNames | topKNames | histogramNames | frequencyNames |
    z3HistogramNames | z3FrequencyNames | iteratorStackNames |
    avgNames | minNames | maxNames | sumNames
}
private def max: Rule1[Stat] = rule {
"Max(" ~ attribute ~ ")" ~~> { attribute =>
  val binding = sft.getDescriptor(attribute).getType.getBinding
  new MaxStat[Any](sft, attribute)(MaxStat.MaxDefaults(binding))
}

private def groupBy: Rule1[Stat] = rule {
  "GroupBy(" ~ attribute ~ "," ~ (stats ~> { s => s }) ~ ")" ~~> {
    (attribute, _, groupedStats) =>
      new GroupBy(sft, attribute, groupedStats)
  }
}

private def groupByNames: Rule1[Seq[String]] = rule {
  "GroupBy(" ~ attribute ~ "," ~ properties ~ ")" ~~> {
    (attribute, groupedStats) =>
      groupedStats.+:(attribute)
  }
}
```

经过解析的 Hints 语句会直接转换为 Stat 对象，发送给服务器端，进行下一阶段的操作。

7.4.3 执行统计

经过封装以后的 Stat 对象会被发送到服务器端，进行具体的数据统计执行过程。其核心逻辑存在于每一种数据统计逻辑的 Stat 对象内部，我们以简单的计算数据个数为例，它的计算逻辑就是使用 CountStat 来进行封装的，如代码清单 7-7 所示。

代码清单 7-7　CountStat 类

```
class CountStat(val sft: SimpleFeatureType,
                private [stats] var counter: Long = 0L) extends Stat {

  override type S = CountStat

  def count: Long = counter

  override def observe(sf: SimpleFeature): Unit = counter += 1

  override def unobserve(sf: SimpleFeature): Unit = counter -= 1

  // 与其他 CountStat 相加
  override def +(other: CountStat): CountStat = {
    val plus = new CountStat(sft)
```

```
    plus.counter = this.counter + other.counter
    plus
  }

  // 定义一个针对 CountStat 的+=函数
  override def +=(other: CountStat): Unit = counter += other.counter

  override def toJsonObject: Map[String, Long] = Map("count" -> counter)

  override def isEmpty: Boolean = counter == 0

  override def clear(): Unit = counter = 0

  // 判断是否是相同的统计对象
  override def isEquivalent(other: Stat): Boolean = other match {
    case that: CountStat => counter == that.counter
    case _ => false
  }
}
```

其核心逻辑位于 observer 方法，计数的逻辑是非常简单的，只要对计数器 counter 进行累加就可以了。

除了 observer 方法，还有一些值得关注的方法，比如两个 CountStat 对象是可以相加的，最终形成一个新的 CountStat 统计信息对象，这是在"+"函数内实现的，如果只是在当前 CountStat 对象上叠加，则可以调用"+="方法。还有 toJsonObject 方法，它是用来对统计信息进行封装的，这个方法重写了 Stat 特质中的函数，因此所有的统计信息最后都是 JSON 格式的。

还有一个判断两个 Stat 是否相等的函数，该函数会对统计对象类型进行判断，如果都是 CountStat 而且两边的统计值都是一样的，那么会返回 true。也就是说 Stat 的比较完全是根据内部的统计值来判断的，而不会关心 Stat 是不是真的是一个对象实体。

7.4.4　统计信息的序列化和反序列化过程

由于统计信息也涉及客户端和服务器端的网络通信，因此这里需要对统计信息进行序列化和反序列化。GeoMesa 使用了 Kryo 作为统计信息序列化和反序列化的工具，原因在于它能够对数值类型的数据进行非常好的数据压缩。整数类型（Integer）和长整型（Long）的数据在底层分别需要占用 32 位和 64 位，这样对于一些数值比较小的场景来说，会非常占用空间，Kryo 针对这一点进行了优化，提升了整体的序列化和反序列化性能。

GeoMesa 利用 Kryo 来进行序列化和反序列化的入口在 KryoStatSerializer 类中，如代码清单 7-8 所示。

代码清单 7-8　统计信息序列化器

```
class KryoStatSerializer(sft: SimpleFeatureType) extends StatSerializer {

  override def serialize(stat: Stat): Array[Byte] = {
    val output =
        KryoStatSerializer.outputs.getOrElseUpdate(new Output(1024, -1))
    output.setOutputStream(null) // resets the buffer
    KryoStatSerializer.write(output, sft, stat)
    output.toBytes
  }

  override def deserialize(bytes: Array[Byte],
                           offset: Int,
                           length: Int,
                           immutable: Boolean): Stat = {
    val input =
        KryoStatSerializer.inputs.getOrElseUpdate(new NonMutatingInput())
    input.setBuffer(bytes, offset, length)
    KryoStatSerializer.read(input, sft, immutable)
  }
}
```

以上代码的逻辑非常简单。GeoMesa 中的数据统计逻辑有很多, GeoMesa 将这些数据统计逻辑放在 KryoStatSerializer 的伴生对象中。

首先, 它对数据统计逻辑进行了编码, 如代码清单 7-9 所示。可以看到, 每一种数据统计逻辑都有一个对应的数值, 也就是它们的标识符, 例如 Count 操作对应的数值就是 1, 如果 GeoMesa 在序列化后的二进制数组的首位发现了 1,那么说明当前就是在执行 Count 操作。

而且可以看到, 对不同版本的统计逻辑, GeoMesa 也都进行了编码, 这样可以保证不同的计算逻辑能够共存, 方便版本控制和数据管理。

代码清单 7-9　不同统计操作的编码值

```
// 基础统计
private val SeqStatByte: Byte       = 0
private val CountByte: Byte         = 1
private val IteratorStackByte: Byte   = 3

// 最小值、最大值统计
private val MinMaxByteV1: Byte       = 2
private val MinMaxByteV2: Byte       = 16
private val MinMaxByte: Byte         = 25

// Enumeration 统计
private val EnumerationByteV1: Byte  = 4
private val EnumerationByte: Byte     = 17
```

```
// 等宽直方图
private val HistogramByteV1: Byte       = 5
private val HistogramByte: Byte         = 18

// 频率统计
private val FrequencyByteV1: Byte       = 6
private val FrequencyByteV2: Byte       = 10
private val FrequencyByte: Byte         = 19

// Z3 等宽直方图
private val Z3HistogramByteV1: Byte     = 7
private val Z3HistogramByteV2: Byte     = 11
private val Z3HistogramByte: Byte       = 20

// Z3 频率
private val Z3FrequencyByteV1: Byte     = 8
private val Z3FrequencyByteV2: Byte     = 12
private val Z3FrequencyByte: Byte       = 21

// 描述统计
private val DescriptiveStatByteV1: Byte = 13
private val DescriptiveStatByte: Byte   = 22

// 分组统计
private val GroupByByteV1: Byte         = 14
private val GroupByByte: Byte           = 23

// TopK 统计
private val TopKByteV1: Byte            = 9
private val TopKByteV2: Byte            = 15
private val TopKByte: Byte              = 24
```

　　具体的路由操作则放在了 write 和 read 方法中，如代码清单 7-10 所示。可以看到，这里 GeoMesa 利用了 Scala 的类型匹配特性，对不同的数据管理逻辑进行管理，并利用到了前面所讲的不同数据统计逻辑的标识符。

代码清单 7-10　write 和 read 方法

```
private def write(output: Output, sft: SimpleFeatureType, stat: Stat): Unit = {
  stat match {
    case s: CountStat         =>
      output.writeByte(CountByte);          writeCount(output, s)
    case s: MinMax[_]         =>
      output.writeByte(MinMaxByte);         writeMinMax(output, sft, s)
    case s: EnumerationStat[_] =>
      output.writeByte(EnumerationByte);    writeEnumeration(output, sft, s)
    case s: TopK[_]           =>
      output.writeByte(TopKByte);           writeTopK(output, sft, s)
```

```scala
    case s: Histogram[_]         =>
      output.writeByte(HistogramByte);     writeHistogram(output, sft, s)
    case s: Frequency[_]         =>
      output.writeByte(FrequencyByte);     writeFrequency(output, sft, s)
    case s: Z3Histogram          =>
      output.writeByte(Z3HistogramByte);   writeZ3Histogram(output, sft, s)
    case s: Z3Frequency          =>
      output.writeByte(Z3FrequencyByte);   writeZ3Frequency(output, sft, s)
    case s: IteratorStackCount   =>
      output.writeByte(IteratorStackByte); writeIteratorStackCount(output, s)
    case s: SeqStat              =>
      output.writeByte(SeqStatByte);       writeSeqStat(output, sft, s)
    case s: DescriptiveStats     =>
      output.writeByte(DescriptiveStatByte); writeDescriptiveStats(output, sft, s)
    case s: GroupBy[_]           =>
      output.writeByte(GroupByByte);       writeGroupBy(output, sft, s)
    case _ => throw new NotImplementedError(s"Unhandled stat $stat")
  }
}


private def read(input: Input,
            sft: SimpleFeatureType,
            immutable: Boolean,
            seqStatLength: Int = 0): Stat = {
  input.readByte() match {
    case CountByte              => readCount(input, sft, immutable)
    case MinMaxByte             => readMinMax(input, sft, immutable, 3)
    case EnumerationByte        => readEnumeration(input, sft, immutable, 2)
    case TopKByte               => readTopK(input, sft, immutable, 3)
    case HistogramByte          => readHistogram(input, sft, immutable, 2)
    case FrequencyByte          => readFrequency(input, sft, immutable, 3)
    case Z3HistogramByte        => readZ3Histogram(input, sft, immutable, 3)
    case Z3FrequencyByte        => readZ3Frequency(input, sft, immutable, 3)
    case IteratorStackByte      => readIteratorStackCount(input, sft, immutable)
    case SeqStatByte            => readSeqStat(input, sft, immutable, seqStatLength)
    case DescriptiveStatByte    => readDescriptiveStat(input, sft, immutable, 2)
    case GroupByByte            => readGroupBy(input, sft, immutable, 2)
    case EnumerationByteV1      => readEnumeration(input, sft, immutable, 1)
    case HistogramByteV1        => readHistogram(input, sft, immutable, 1)
    case FrequencyByteV2        => readFrequency(input, sft, immutable, 2)
    case Z3HistogramByteV2      => readZ3Histogram(input, sft, immutable, 2)
    case Z3FrequencyByteV2      => readZ3Frequency(input, sft, immutable, 2)
    case DescriptiveStatByteV1  => readDescriptiveStat(input, sft, immutable, 1)
    case GroupByByteV1          => readGroupBy(input, sft, immutable, 1)
    case TopKByteV2             => readTopK(input, sft, immutable, 2)
    case MinMaxByteV2           => readMinMax(input, sft, immutable, 2)
    case FrequencyByteV1        => readFrequency(input, sft, immutable, 1)
    case Z3HistogramByteV1      => readZ3Histogram(input, sft, immutable, 1)
    case Z3FrequencyByteV1      => readZ3Frequency(input, sft, immutable, 1)
    case MinMaxByteV1           => readMinMax(input, sft, immutable, 1)
```

```
        case  TopKByteV1              => readTopK(input, sft, immutable, 1)
        case _ =>
            throw new RuntimeException("Trying to read malformed or invalid serialized stat")
    }
}
```

最后是对不同数据的具体序列化和反序列化，我们以获取 MinMax 信息为例，介绍具体的执行过程。

在序列化过程中，GeoMesa 会将 MinMax 信息写入输出流中，如代码清单 7-11 所示。先输出统计信息中的属性值。接下来涉及一个基数统计算法，就是 HyperLogLog 算法，它可以利用比较小的内存和性能开销，比较准确地估算出海量数据集的基数个数，具体可以参考论文 "HyperLogLog: the analysis of a near-optimal cardinality estimation algorithm"。GeoMesa 将基于 HyperLogLog 算法计算出的相关信息也写入输出流中，最终才会将最小值和最大值输出。

代码清单 7-11　最大值、最小值统计操作的写操作

```
private def writeMinMax(output: Output,
                        sft: SimpleFeatureType,
                        stat: MinMax[_]): Unit = {
  output.writeAscii(stat.property)
  output.writeInt(stat.hpp.log2m, true)
  output.writeInt(stat.hpp.registerSet.size, true)
  stat.hpp.registerSet.rawBits.foreach(output.writeInt)

  val write =
    writer(output, sft.getDescriptor(stat.property).getType.getBinding)
  write(stat.minValue)
  write(stat.maxValue)
}
```

对于反序列化过程，我们可以将其理解为上述序列化过程的一个反向过程，主要完成 4 部分的构建，即统计的属性名称、涉及的 HyperLogLog 对象、SimpleFeatureType 中对应的属性类型解释器对象以及 MinMax 统计信息对象，如代码清单 7-12 所示。

代码清单 7-12　最大值、最小值统计操作的读操作

```
private def readMinMax(input: Input,
                       sft: SimpleFeatureType,
                       immutable: Boolean,
                       version: Int): MinMax[_] = {
  val attribute = version match {
    case 3      =>
        input.readString()
```

```scala
    case 1 | 2 =>
        sft.getDescriptor(input.readInt(true)).getLocalName
    case _ =>
        throw new IllegalArgumentException(
            s"Invalid min/max serialization version: $version")
  }
  val hpp = if (version > 1) {
    val log2m = input.readInt(true)
    val size = input.readInt(true)
    val bytes = Array.fill(size)(input.readInt)
    HyperLogLog(log2m, bytes)
  } else {
    val hppBytes = Array.ofDim[Byte](input.readInt(true))
    input.read(hppBytes)
    val clearspring =
        com.clearspring.analytics.stream.cardinality
            .HyperLogLog.Builder.build(hppBytes)

    // 使用反射来获取私有变量
    def getField[T](name: String): T = {
      val field = clearspring.getClass.getDeclaredField(name)
      field.setAccessible(true)
      field.get(clearspring).asInstanceOf[T]
    }
    val log2m = getField[Int]("log2m")
    val registerSet = getField[RegisterSet]("registerSet").bits
    HyperLogLog(log2m, registerSet)
  }

  val binding = sft.getDescriptor(attribute).getType.getBinding
  val read = reader(input, binding)
  val min = read()
  val max = read()

  val defaults = MinMaxDefaults[Any](binding)

  if (immutable) {
    new MinMax[Any](sft, attribute, min, max, hpp)(defaults) with ImmutableStat
  } else {
    new MinMax[Any](sft, attribute, min, max, hpp)(defaults)
  }
}
```

序列化过程其实是在服务器端执行的,而反序列化过程是在客户端接收到服务器消息以后执行的,反序列化之后这些信息经过简单的数据回传就会交还给用户。

上述就是完整的数据统计执行流程。

7.5　本章小结

　　本章主要介绍了 GeoMesa 关于数据统计的相关内容，这一部分是与查询过程密切相关的，因此与另一个介绍数据分析算子的内容是有所不同的。本章首先对 GeoMesa 数据统计过程进行了概述，然后列举了一些 GeoMesa 目前支持的统计功能，介绍了在 GeoMesa 中获取统计信息的方法，最后对 GeoMesa 执行数据统计的流程进行了介绍。基于这些内容，读者可以对 GeoMesa 的数据统计功能形成比较体系化的认识。

第 **8** 章

数据分析

随着智慧城市行业的兴起，空间数据的产生量每日都在以指数级"爆炸"增长。在此背景下，空间信息分析理论和技术也得到迅速发展，已在遥感卫星、城市计算等领域取得明显的成功，向我们展示出了空间数据广阔的应用潜力。

除了前面介绍的数据查询和统计，数据分析也是 GeoMesa 对空间数据进行处理的组成部分。与前面介绍的内容有所不同，数据分析与底层的数据存储关联性不强，相对来说比较独立，本章将会从以下 4 个部分来介绍 GeoMesa 中数据分析的内容。

- 空间数据分析。

- 热力图分析操作。

- KNN 查询操作。

- 近似查询操作。

8.1 空间数据分析

我们先对空间数据分析的基本情况进行概述，然后从架构层面来分析 GeoMesa 中对空间数据分析操作是如何封装的。

8.1.1 空间数据分析概述

空间数据分析是一种专门针对地理空间数据的定量研究，它的目的是对空间数据进行分析，提取出空间数据内部潜在的信息，最终用这些信息服务用户。空间数据分析的结果往往与输入数据的结构有所不同，因此其外部的接口和封装逻辑也与前面所讲述的查询和统计过程完全不同。

在 GIS 中，不同类型的数据对应的分析方法有所不同。通常来说，空间数据主要被划分为矢量数据和栅格数据。

矢量数据本质上是用经纬度数据来描述的空间数据，是通过拓扑优化来表达地理实体空间关系的，其主要属性包括空间位置属性和信息属性，如建筑名称等。矢量数据中的主要关系如图 8-1 所示，包括点、线和面之间的拓扑关系。点只需要记录其空间坐标及属性信息，而线则是点按照一定顺序连接的结果，对于面来说，线段则是其封闭边界的组成要素。

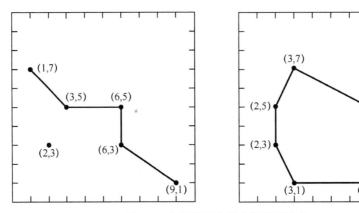

图 8-1　矢量数据中的主要关系示意

矢量数据在数据模型上具有较多优势。①编辑能力强。其点、线、面的拓扑结构能够满足高精度的图形需求。②属性特征强。除了自身的空间属性外，矢量数据能够附带较多自定义的字段信息，在数据模型上具有不可比拟的优势，为 GIS 发展奠定了坚实的数据基础。

矢量数据一般是用数值元组及其内部的拓扑关系来描述空间数据的，它们在 GIS 中通常会被封装成要素（Feature）对象。矢量数据使用空间拓扑关系，一方面有利于数据文件的组织，减少数据冗余，另一方面也有利于很多地理信息的分析。

对于矢量数据的分析，很多都是基于拓扑关系的延伸，例如缓冲区分析、空间判断、叠置分析等。

栅格（Raster）数据将空间分割为固定大小的像元（Cell），像元的大小取决于栅格的分辨率。图 8-2 所示的是将矢量数据转为栅格数据的结果，不难发现矢量数据的属性在栅格中用像元值进行了替代。此外，矢量数据的高精度优势也在栅格数据中丢失，表现为一些连续的栅格像元值。由于栅格数据具有简便的存储方式，它也成了一种极为重要的空间数据。

栅格数据，同样有一些配套的分析方法，例如聚类分析、聚合分析等。不过由于 GeoMesa 只支持对矢量数据的管理，因此我们对栅格数据的介绍不再详细展开。

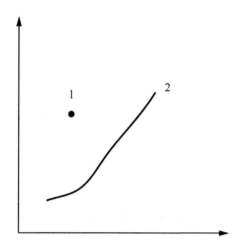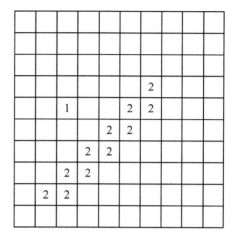

图 8-2 矢量数据转换为栅格数据示意

8.1.2 GeoMesa 中对空间数据分析操作

GeoMesa 对数据的处理利用的是 process 模块，数据处理方法有很多种类，例如对数据的分析操作、对数据的查询处理操作以及对数据的转换操作等。

对数据的分析操作，主要是指从空间矢量数据集中获取统计分析信息的操作，其支持的操作如表 8-1 所示。

表 8-1 GeoMesa 支持的矢量分析操作

分析操作名称	英文名称	描述
核密度分析	DensityProcess	计算 CQL 查询的密度热力图
属性连接分析	JoinProcess	使用公共属性字段合并来自两个不同 Schema 的功能
最近邻分析	KNearestNeighborSearchProcess	执行 KNN 查询
点集转线	Point2PointProcess	将点集合聚合为线段集合
近似查询分析	ProximitySearchProcess	在集合输入要素附近搜索
路径查询分析	RouteSearchProcess	匹配沿给定路线移动的 Feature
采样分析	SamplingProcess	使用统计采样减少查询返回的 Feature
统计分析	StatsProcess	返回 CQL 查询的各种统计信息
轨迹追踪分析	TrackLabelProcess	基于公共属性选择轨迹中的最后一个特征，这对设置样式很有用

接下来我们会对几个比较重要的分析操作进行介绍。

8.2　热力图分析操作

首先我们介绍的是热力图分析操作,这个操作在很多 GIS 中都有比较广泛的应用。

8.2.1　热力图分析概述

当我们需要用更直观有效的形式来展现空间上的大数据信息时,热力图(HeatMap)无疑是一种不错的选择。热力图是在二维空间中以不同的颜色来显示具体属性值差异的一种数据可视化技术的产物。在热力图中,颜色越亮,代表数据的聚集程度越高;颜色越暗,代表数据的聚集程度越低。热力图主要用于表现事物在空间上聚集或变化的分布,应用场景通常有商业选址分析、人群流量分析、测量建筑密度、获取犯罪报告等。

热力图分析一般都是基于点要素数据集进行计算的。但是由于热力图一次性加载点数据过多,会导致性能下降,引起卡顿问题,因此从性能优化的角度出发,我们可以先划分网格对点数据进行聚合操作,将同时位于一个网格的点数据汇总聚合,用一个点替代,这样不仅可以减少数据量计算,节省内存,也能对渲染效果起到一定的提升作用。

同时,由于在具体分析中可能存在着影响程度更大的事物,例如在确定总体犯罪率时可赋予某些罪行比其他罪行更大的权重,这时候我们可以指定热力图分析中的权重,然后基于这些权重字段进行密度分析。下面我们将从是否添加权重字段进行举例说明。

例如我们目前有某地区某时刻的人口聚集点数据集,其中有一字段代表聚集点周围的大致人数。

如果我们不对字段进行加权,结果如图 8-3 所示。在此过程中,算法首先对点数据进行网格划分与聚合。由于我们并未指定权重字段,因此每个点数据的权重视为 1,进行网格划分与聚合的结果即落入每个网格的点数据个数之和。最后进行热力图分析,可以发现聚集点并不明显。

图 8-3　热力图不加权分析

如果我们对字段进行加权,那结果就会有所不同,如图 8-4 所示。我们指定数据中的 value 字段作为点数据的权重,再利用热力图分析进行结果计算,发现对加权后的数据分析,其热力图结果更能突出事件的密度、聚集空间分布异质性与异质化程度。

图 8-4 热力图加权分析

我们再举一个现实场景的例子,图 8-5 所示是某城市某时刻的人口流量矢量数据,其中 value 字段表示该聚集点周围的大致人数。我们利用热力图分析方法对该市的人口分布聚集程度进行空间数据可视化,如图 8-5 所示,可以比较清晰直观地发现该市人口的空间聚集特征,同时也可以发现该市的人口聚集中心。

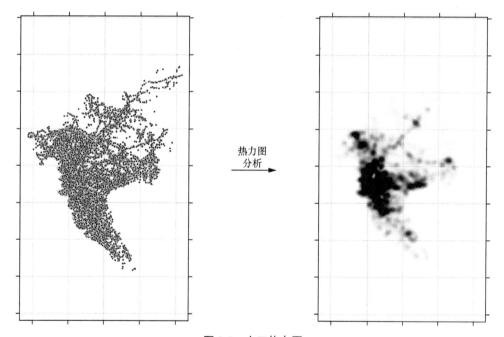

图 8-5 人口热力图

8.2.2 GeoMesa 中热力图分析功能的使用方法

在具体的使用过程中,热力图分析功能的使用方法与前述查询的使用方法有所不同,用户需要使用 GeoMesa 提供的 Process 接口,如代码清单 8-1 所示。

代码清单 8-1　热力图分析示例

```java
/**
 * 读取 shape 文件的函数
 */
public static SimpleFeatureSource readShp() throws Exception {
// 获取文件对象
File file = new File("xxx.shp");
// 定义参数
    Map map = new HashMap();
    map.put("url", file.toURL());
// 获取 FeatureSource 对象
    DataStore dataStore = DataStoreFinder.getDataStore(map);
    SimpleFeatureSource featureSource = dataStore.getFeatureSource("xxx");

    return featureSource;
}

/**
 * 计算密度的函数
 */
public static ListFeatureCollection calDensity(SimpleFeatureSource featureSource,
                    ReferencedEnvelope bounds) throws Exception {
    SimpleFeatureCollection simplefeatureCollection = featureSource.getFeatures();
    RenderingGrid grid = new RenderingGrid(bounds,50,50);

    List<SimpleFeature> newSFList = new ArrayList<>();
    SimpleFeatureIterator iterator = featureSource.getFeatures().features();
    while (iterator.hasNext()) {
        SimpleFeature sf = iterator.next();
        sf.getUserData()
            .put(DensityScan.DensityValueKey(),DensityScan.encodeResult(grid));
        newSFList.add(sf);
    }
    ListFeatureCollection newList = new
        ListFeatureCollection(simplefeatureCollection.getSchema(),newSFList);
    return newList;
}

/**
 * 执行热力图分析
 */
public static void main(String[] args) throws Exception {
    SimpleFeatureSource featureSource = readShp("population.shp");
    ReferencedEnvelope bounds = featureSource.getFeatures().getBounds();
    ListFeatureCollection listfeatureCollection = calDensity(featureSource,bounds);

    DensityProcess densityProcess = new DensityProcess();
    ProgressListener progressListener = new DefaultProgressListener();
```

```
GridCoverage2D gridCoverage2D = densityProcess.execute(
    listfeatureCollection,  // 输入数据集
    200,   // 搜索半径
    "the_geom",    // 几何字段名
    "value",   // 权重字段
    bounds,    // 边界条件
    50,   // 输出像元宽度
    50,   // 输出像元高度
    progressListener    //任务监听器
);
```

在 GeoMesa 中使用热力图分析时，我们可以使用一些参数来控制分析过程，如表 8-2 所示。

表 8-2　DensityProcess 方法参数

参数	类型	描述
data	SimpleFeatureCollection	输入数据
radiusPixels	Integer	搜索半径
geomAttr	String	几何字段
weightAttr	String	权重字段
outputBBOX	ReferencedEnvelope	边界条件
outputWidth	Integer	输出像元宽度
outputHeight	Integer	输出像元高度
monitor	ProgressListener	任务监听器

其中，搜索半径影响的是最终生成栅格的平滑程度，搜索半径的参数值越大（以像元为单位），生成的栅格像元值越平滑（连续），概化程度越高；参数值越小，生成的栅格所显示的信息越详细，越能表达微观尺度下的地区情况。

最后计算结果会以数据类型为 GridCoverage2D 的数据返回。

8.3　KNN 查询操作

KNN 查询同样是非常重要的分析操作，在很多地理空间应用中都发挥着重要的作用。

8.3.1　KNN 概述

KNN（K 近邻）的英文全称为 K-Nearest Neighbor，是一种比较经典的查询算法，其主

要的用途就是返回指定 k 个距离目标要素最近的要素。因此，如何快速找出要素的最近目标成了 KNN 算法最核心的内容，目前针对 KNN 算法的搜索方法主要有以下几种。

1. 穷举搜索

穷举搜索即暴力计算，它的主要思想是依次计算每个点与目标要素的距离，根据计算出的距离排序后返回指定 k 个最近的要素，如图 8-6 所示。这种方法只适用于数据较少的情况，在当今数据"井喷"的时代，穷举搜索存在着严重不足——耗时长、计算内存大，因此现在数据库中基本不采纳该种方法。

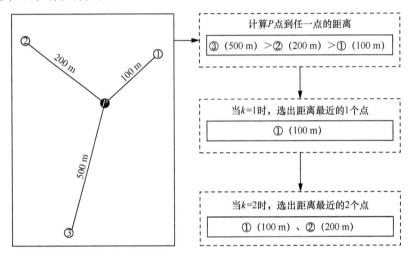

图 8-6　穷举搜索示意

2. K-D 树

K-D 树实质上是一种二叉树，采用二分法来查询数据。该方法相对于穷举搜索大大降低了计算所用的内存，提高了搜索效率。

首先在点集中选择一个 N 作为根节点，并以该点为基础分裂，形成两棵子树，同时要保证左子树上所有节点的空间坐标值均小于根节点 N 的空间坐标值，右子树所有节点的空间坐标值均大于根节点 N 的空间坐标值。下面以图 8-7 为例，进行 K-D 树的简单原理以及具体空间查询步骤的讲解。

该步骤的目的是将用于查询的点(3,4)，利用 K-D 树在点集｛①,②,③｝中，找出与查询点空间距离最短的目标点。首先对点集｛①,②,③｝构建 K-D 树：以 x 维度为基准，发现｛①,②,③｝在 x 方向上中点为③，其 x 坐标为 2，因此选点③(2,1)作为根节点，x 坐标小于 2 的点②(1,6)划入左子树，x 坐标大于 2 的点①(4,5)划入右子树，此时一棵简单的 K-D 树构建完毕。我们将查询点(3,4)输入，由于查询点的 x 坐标为 3，因此在第一层 K-D 树判断进入右子树，从而得到了距离查询点(3,4)最近的目标点①(4,5)。

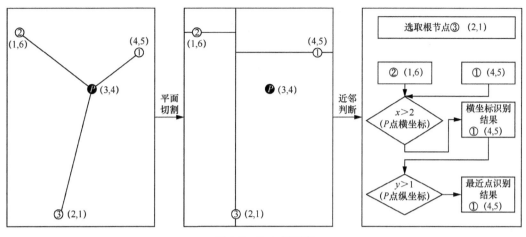

图 8-7 K-D 树示意

而 GeoMesa 中的 KNN 查询则是采取了 GeoHash 算法，该算法的实质与 K-D 树大致相同，都是利用递归的思想将平面区域分解成更小的区域。不过 GeoHash 还多了编码的概念，它规定每个字块在一定经纬度范围内拥有相同的编码，以便于承上启下式地进行链式查询，进一步提高效率。

8.3.2　GeoMesa 中 KNN 查询功能的使用方法

在 GeoMesa 中，如果使用代码来调用 KNN 查询功能，其执行过程与热力图分析的执行过程是类似的，如代码清单 8-2 所示。其中调用的 readShp 函数与代码清单 8-1 中读取 shape 文件的逻辑相同，在此不赘述。

代码清单 8-2　KNN 查询代码示例

```
public static void main(String[] args) throws Exception{

        FeatureSource featureSource = readShp(
            "exampleData.shp",
            "exampleData");
        SimpleFeatureCollection featureCollection =
            (SimpleFeatureCollection) featureSource.getFeatures();

        FeatureSource querySource = readShp(
            "queryData.shp",
            "queryData"
        );
        SimpleFeatureCollection queryCollection =
            (SimpleFeatureCollection) querySource.getFeatures();
```

```
KNearestNeighborSearchProcess knn = new KNearestNeighborSearchProcess();
SimpleFeatureCollection queryResult = knn.execute(
    queryCollection, // 输入数据
    featureCollection,    // 查询数据
    2,   // k 值
    0.0,// 初始查询距离
    Double.MAX_VALUE // 最大查询距离
);

//输出结果
try (SimpleFeatureIterator iterator = queryResult.features()) {
    while (iterator.hasNext()) {
        SimpleFeature feature = iterator.next();
        System.out.println(feature);
    }
}
```

在调用 KNN 查询功能时，我们需要给出一些参数，如表 8-3 所示。

表 8-3　KNN 查询方法参数

参数	类型	描述
inputFeatures	SimpleFeatureCollection	输入数据
dataFeatures	SimpleFeatureCollection	查询数据
numDesired	Integer	k，返回的邻居数目
estimatedDistance	Double	初始查询距离
maxSearchDistance	Double	最大查询距离

其中需要重点说明的是 estimatedDistance 和 maxSearchDistance 两个参数。

estimatedDistance 用于指定初始查询第 k 个最近邻的点的距离估计值（以 m 为单位），即在查询初始化时可以指定初始查询距离。maxSearchDistance 用于指定最大查询距离（以 m 为单位），用于防止在一定距离范围内没有达到指定邻居数目时，引发对整个数据集的无限迭代查询。

8.4　近似查询操作

在空间数据管理中，不同空间数据之间的近似查询操作也被广泛使用，GeoMesa 也提供了相关的接口。本节对近似查询操作进行简单介绍。

8.4.1 近似查询概述

近似查询的英文全称为 Promixity Search Process，其功能是查询要素指定邻域内的其他要素。近似查询在 GIS 中一般被称作缓冲区分析，也是空间数据分析的一个重要功能。该方法的主要思想是通过构建目标点的领域范围、识别目标点与周围点之间的空间联系紧密程度，从而形成相应的空间分析、查询结果。

近似查询的原理比较简单，如图 8-8 所示，对点数据进行查询，以查询点为圆心画圆，该圆为指定圆状查询区域，将圆内数据都作为查询结果。例如将缓冲距离设定为 100 m 时，返回结果为 ID=1 的点；若将缓冲距离设定为 200 m 时，返回结果为 ID=1 和 ID=2 的点。

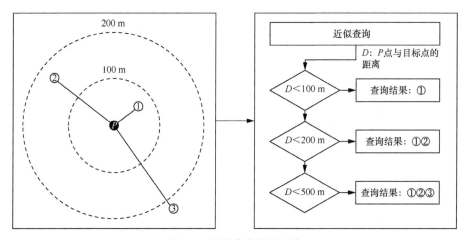

图 8-8　近似查询原理示意

对于不同类型的要素，如点、线、面，其近似查询的范围形状也不一致，如图 8-9 所示。

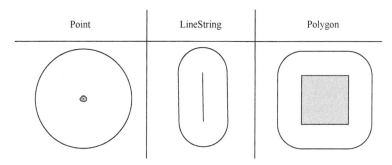

图 8-9　不同形状的查询范围

具体如下：

● 点要素的近似查询范围，一般为以点为圆心、指定距离为半径的圆形区域；

- 线要素的近似查询范围，一般为以线为轴线，从轴线向外扩展一定距离生成的多边形区域；

- 面要素的近似查询范围，一般为从面向外扩展一定距离生成的新多边形区域。

8.4.2　GeoMesa 中近似查询功能的使用方法

我们可以使用 GeoMesa 中提供的接口来完成近似查询，如代码清单 8-3 所示。

代码清单 8-3　近似查询功能代码示例

```java
public static void main(String[] args) throws Exception{
    //快速添加多个自定义点
    SimpleFeature point1 = mkPoint("point-1|POINT(113.558 22.289529)");
    SimpleFeature point2 = mkPoint("point-2|POINT(113.5579 22.289488)");
    SimpleFeature point3 = mkPoint("point-3|POINT(113.558 22.289346)");
    SimpleFeature point4 = mkPoint("point-4|POINT(113.5582 22.289491)");
    List<SimpleFeature> points = new LinkedList<>();
    points.add(point1);
    points.add(point2);
    points.add(point3);
    points.add(point4);
    SimpleFeatureCollection pointFeatureCollection =
DataUtilities.collection(points);

    // 指定空间数据
    SimpleFeature queryPoint = mkPoint("queryPoint|POINT(113.558025 22.289494)");
    SimpleFeatureCollection query = DataUtilities.collection(queryPoint);

    // 构造执行器
    ProximitySearchProcess process = new ProximitySearchProcess();
    SimpleFeatureCollection queryResult = process.execute(
        query,
        pointFeatureCollection,
        12.0
    );

//输出近似查询结果
    try (SimpleFeatureIterator iterator = queryResult.features()) {
      while (iterator.hasNext()) {
        SimpleFeature feature = iterator.next();
        System.out.println(feature);
      }
    }
  }
```

当然，在使用相应接口时，我们也需要指定一些参数，如表 8-4 所示。

表 8-4　近似查询方法参数

参数	类型	描述
inputFeatures	SimpleFeatureCollection	输入数据
dataFeatures	SimpleFeatureCollection	被查询数据
bufferDistance	Double	缓冲距离

8.5　本章小结

　　本章主要引入 GIS 中的空间数据分析概念与定义，对矢量数据和栅格数据进行了较为详细的讲解，并结合 GeoMesa 的分析功能，从空间数据分析出发，分别介绍了热力图分析、KNN 查询和近似查询 3 种分析方法的运算逻辑和原理，以及对应的参数。通过对本章内容的学习和实际操作，希望读者能够学习到相关分析方法的操作与背后逻辑，更加熟练地使用 GeoMesa。

第 9 章

数据工作流

前面介绍了 GeoMesa 的核心能力，GeoMesa 作为海量时空数据的管理组件无疑是非常优秀的。不过如果我们将视角放大到整个大数据管理，那单纯依靠 GeoMesa 来支撑大型的时空数据管理是远远不够的，还需要使用很多辅助性的工具。如果能够将时空数据操作、导入导出形成一个完整的流程图，甚至在页面上通过拖、拉、拽的方式来进行流程构建，就会极大地简化数据管理流程。GeoMesa 在数据工作流方面是依托 Apache NiFi（后文简称 NiFi）来进行扩展的，本章将会从以下几个方面来介绍 GeoMesa 的数据工作流使用方法。

- 数据工作流概述。

- NiFi 概述。

- GeoMesa 与 NiFi 整合。

- GeoMesa NiFi 数据处理算子。

9.1 数据工作流概述

数据工作流（Data Workflow）是数据处理的一种模型，它完成了对数据处理流程和各阶段操作之间的业务规则的抽象，用户只需要对整体工作流程进行描述，计算机就可以按照用户的模型描述来执行具体的数据处理操作，如图 9-1 所示。大数据管理系统通常是由多个前后依赖的模块，如数据接入、数据预处理、数据存储、数据查询、数据分析以及可视化展示等组合而成的，在数据工作流模型中，这些模块都是一个一个的工作节点。

面对不同的数据处理需求，数据工作流需要解决的核心问题如下。

- 如何构建工作节点的依赖关系。

- 如何完成不同工作节点之间数据、信息的传输。

- 如何完成不同工作流之间的调度。

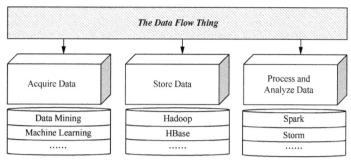

图 9-1 数据工作流

随着大数据组件的完善，目前也出现了一些能够满足数据工作流需求的组件，NiFi 就是其中的典型代表。而 GeoMesa 在解决数据工作流问题时，对 NiFi 进行了扩展，接下来我们将会对 NiFi 以及 GeoMesa 中 NiFi 的使用方式进行详细的介绍。

9.2 NiFi 概述

有了前面的理论铺垫之后，本节将简单介绍 NiFi。

9.2.1 NiFi 简介

NiFi 是一款易于使用、功能强大、性能可靠的数据处理和分发系统。它本身的作用其实是作为桥梁，自动化地管理系统之间的数据流。它最早是在 2006 年，由美国国家安全局（National Security Agency，NSA）的 Joe Witt 创建的。2015 年 7 月 20 日，NiFi 正式成为 Apache 顶级项目。

NiFi 作为数据处理的一环，起到了非常大的作用。NiFi 的工作模式如图 9-2 所示，我们在上游获取到的数据，不仅数据源是不统一的，数据本身也是需要清洗和整合的。这些数据经过大量的解析、过滤、转换、扩充路由等操作，才能成为可以交付的数据，提供给用户使用。

从内部架构上来看，整个 NiFi 是运行在 Java 虚拟机（Java Virtual Machine，JVM）上的，其中包含 5 种组件，如图 9-3 所示。

Web Server（Web 服务器）是 NiFi 的服务层组件，它的作用是遵循超文本传送协议（Hypertext Transfer Protocol，HTTP），为 NiFi 提供通信 API。

Flow Controller（数据流控制器）是 NiFi 调控工作流的中枢，负责调度资源。其中可能会有多个 Processor 组件，负责执行数据处理操作，也可能会有多个 Extension，负责嵌入一些扩展功能。

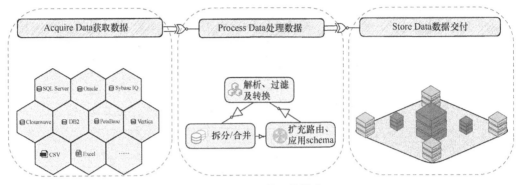

图 9-2　NiFi 的工作模式

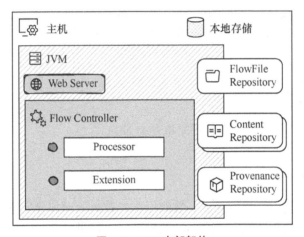

图 9-3　NiFi 内部架构

　　底层的是一些与存储相关的组件，其中，FlowFile Repository 是流文件存储组件，主要负责存储当前工作流中流文件的状态。Content Repository 是内容存储组件，主要负责实际数据内容的存储，最后的 Provenance Repository 是出处存储组件，主要存储的是所有出处事件的数据。

　　上面讲述的是单机版 NiFi 的内部架构，而在当前复杂的业务环境中，集群模式也是必不可少的。NiFi 的集群模式采用了零主集群（Zero-Master Clustering），如图 9-4 所示，在集群中，每个节点都会对数据执行相同的操作。不过数据集都在不同的节点上运行，其中一个节点作为集群协调器（协调节点），这种对集群的管理方式有点类似 Citus 中对不同 PostgreSQL 实例的管理方式。

　　在集群运行过程中，集群中的节点都会向协调节点发送心跳信息，维持与协调节点的联系。此外，当新节点加入集群时，新节点需要首先连接当前的协调节点。这样就能够保证 NiFi 集群的动态扩容，实现对海量数据、复杂场景的应对。

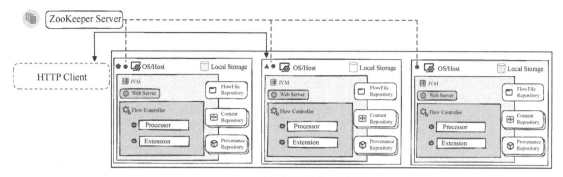

图 9-4　NiFi 内部架构（集群模式）

9.2.2　NiFi 的特性

NiFi 能够成为一个受欢迎的顶级项目，离不开其优良的特性。

第一，NiFi 提供了基于 Web 页面的用户接口，用户可以通过拖、拉、拽的方式构建自己的数据工作流，实现设计、控制、反馈和监控之间的无缝衔接。

第二，NiFi 是高度可配置的，兼具容错性和保证交付的特性，还能保证低延迟和高吞吐，而且在运行时可以被调整，提升了整体系统的灵活性。

第三，从数据流转角度来看，我们可以利用 NiFi 对数据进行自始至终的跟踪。

第四，从整体架构上来说 NiFi 是易于扩展的，用户可以构建自定义的执行算子，而且由于这些算子可以通过 SPI 嵌入系统，因此是适合快速开发的。

第五，在数据管理方面，NiFi 支持多种安全协议，例如 SSL、SSH、HTTPS 等。而且在业务层面，NiFi 支持多租户的鉴权以及内部的权限管理。

9.2.3　Processor 机制

由 9.2.1 小节介绍的内容，我们可以知道，Flow Controller 是整个 NiFi 进行数据管理的核心，它扮演了数据流处理中枢的角色。而其内部的处理逻辑是由 Processor 来封装的，Processor 是实际的数据处理单元。

在 NiFi 中，提供了大量的 Processor 供用户使用，我们在阅读源码时可以看到这些 Processor 是通过不同的 bundle 来进行管理的，不同的 bundle 对应了不同的场景或者组件，每个 bundle 下面都有对应的 Processor。

NiFi 有一个自身实现的标准 bundle，用来管理一些基础的 Processor，这些 Processor 负责执行最基础的数据处理操作，可以大体分为表 9-1 所示的几类，由于标准 bundle 中的

Processor 数量过多，因此此表举例部分只给出一些有代表性的 Processor。

表 9-1　Processor 的类型

类别	功能	举例
数据转换	对数据（集）本身进行压缩和解压、加解密、格式转换等操作	CompressContent（压缩和解压）、EncryptContent（加解密）、ConvertCharacterSet（转换数据集）
路由和调解	对数据的流向进行控制	ControlRate（限制数据流的速率）、RouteOnAttribute（根据流文件包含的属性进行路由）
数据库访问	对数据库进行连接和访问的操作	ExecuteSQL（执行用户定义的 SQL 语句）、PutSQL（通过执行流文件中的 SQL 语句来更新数据库）
属性提取	对流经的数据进行属性提取	ExtractText（根据用户提供的正则表达式进行数据提取）、HashAttribute（对用户定义的现有属性列表中的数据进行 Hash 操作）、UpdateAttribute（更新数据中的属性）
系统交互	要求系统执行指令相关的操作	ExecuteProcess（执行用户自定义的系统命令）
数据读取	从不同的介质中读取数据	GetFile（从本地磁盘中读取文件内容）、GetFTP（通过 FTP 来读取数据）
数据写入	将数据写入不同的介质中	PutFile（将数据写入本地磁盘的文件中）、PutFTP（将数据写入远程 FTP 服务器中）
分裂	根据一些规则对数据进行分裂	SplitJson（将包含数组或子对象的 JSON 对象拆分）、SplitXml（将一个 XML 数据拆分成多个）
网络通信	对网络信息进行处理	GetHTTP（通过 GET 请求使用 HTTP 进行网络通信）、ListenHTTP（对网络进行监听）、PostHTTP（通过 POST 请求，使用 HTTP 进行网络通信）

除了这里介绍的标准 bundle 下的 Processor，NiFi 还提供了大量的针对不同场景的 Processor，它们都是针对不同组件扩展而来的。例如针对 HBase，NiFi 提供了相对应的读写执行器，保证用户可以用拖、拉、拽的方式操作 HBase。具体的功能，可以查看 NiFi 的官方文档及其源码，相信读者会被其完善的功能惊艳到。

9.3　GeoMesa 与 NiFi 整合

前面介绍了 NiFi 的基本情况，想必读者对 NiFi 的能力已经有了基本的了解。接下来我们开始介绍 GeoMesa 与 NiFi 是如何整合的。NiFi 给用户提供了比较完善的扩展方式，

GeoMesa 就是使用 NiFi 原生提供的扩展方式来完成二者的整合的。本节将从 NiFi 自定义数据处理器和 GeoMesa 扩展结构两方面来进行介绍。

9.3.1　NiFi 自定义数据处理器

在介绍 NiFi 自定义数据处理器的扩展方式之前，我们需要明确两个核心技术点，一个是 NiFi 对处理器的管理方式，另一个是 Java 自身的接口提供技术。

有过 Java 开发经验的读者可能知道，Java 代码是无法直接交给 JVM 去执行的，需要将代码编译、打包，才能形成可执行的文件，并交给计算机运行。这些包有不同的种类，例如我们比较熟悉的 Java 归档（Java Archive，JAR）文件、Web 归档（Web Archive，WAR）文件。同样 NiFi 也有自己的归档方式，就是 NiFi 归档（NiFi Archive，NAR）文件，所有的扩展功能都会通过 NAR 包来进行管理。

在 NiFi 自定义数据处理器的过程中，使用到的另一个技术就是 Java 的服务提供接口（SPI）技术。这个技术是用来解决 Java 程序的扩展性问题的。在传统的 Java 应用开发过程中，用户如果想要开发一个新功能，需要将新的代码耦合在原有的代码中，然后重新打包并部署。这样做很可能会导致新功能影响到原有的代码逻辑，无论是代码逻辑还是打包部署的整个过程都会带来很多不确定因素。

SPI 就是专门用来解决这个问题的。当用户完成某个新的功能实现以后，在 JAR 包的 META-INF/services/目录里同时创建一个以服务接口命名的文件。当外部程序加载相关模块的代码时，就可以通过 JAR 包的 META-INF/services/里的配置文件找到对应的完整路径，然后通过反射的方式对该代码进行实例化，完成新功能的注入。

在了解这两个技术以后，我们接下来可以通过一个例子来介绍如何在 NiFi 中自定义数据处理器。本示例中，处理器实现的是一个将 WKT 转换成空间数据类型的功能，这个操作需要在 Java Maven 工程中进行。

1. 配置 NiFi 的依赖

首先我们需要在 Maven 的 POM 文件中添加相关的依赖。

其中主要包含两部分内容：NiFi 的依赖以及 Java 拓扑关系包（Java Topology Suite，JTS）的依赖。

其中 NiFi 的依赖如代码清单 9-1 所示。

代码清单 9-1　NiFi 的依赖

```
<dependency>
    <groupId>org.apache.nifi</groupId>
```

```
        <artifactId>nifi-api</artifactId>
        <version>${nifi.version}</version>
    </dependency>
    <dependency>
        <groupId>org.apache.nifi</groupId>
        <artifactId>nifi-utils</artifactId>
        <version>${nifi.version}</version>
    </dependency>
    <dependency>
        <groupId>org.apache.nifi</groupId>
        <artifactId>nifi-mock</artifactId>
        <version>${nifi.version}</version>
        <scope>test</scope>
    </dependency>
```

而 JTS 的依赖如代码清单 9-2 所示。

代码清单 9-2　JTS 的依赖

```
<dependency>
    <groupId>org.locationtech.jts</groupId>
    <artifactId>jts-core</artifactId>
    <version>${jts.version}</version>
</dependency>
```

2. 实现数据处理器内部的逻辑

接下来我们就需要定义数据处理器内部的具体逻辑了。在自定义 NiFi 的数据处理器时，我们需要构建一个自定义的 Processor 类，这个类需要继承 NiFi 的 AbstractProcessor 类，如代码清单 9-3 所示。

代码清单 9-3　自定义 Processor 类

```
@SideEffectFree
@Tags({"GeometryToWKT","SHA0W.PUB"})
@CapabilityDescription("Convert WKT to Geometry")
public class GeoemtryConverterProcessor extends AbstractProcessor{
}
```

我们使用到了 Tags 注解，通过该注解我们指定了一个名称，这是为了能够在网页中，快速找到我们自定义的这个 Processor 类。而 CapabilityDescription 注解则是用来提供这个 Processor 的描述信息的。

在 Processor 内，可以配置一些其他变量，如代码清单 9-4 所示，我们配置了一个 WKT 的路径以及一个成功标签。

代码清单 9-4　Processor 内配置的其他变量

```
private List<PropertyDescriptor> properties;
private Set<Relationship> relationships;

public static final String MATCH_ATTR = "match";

public static final PropertyDescriptor WKT_PATH = new PropertyDescriptor.Builder()
    .name("WKT Path")
    .required(true)
    .addValidator(StandardValidators.NON_EMPTY_VALIDATOR)
    .build();

public static final Relationship SUCCESS = new Relationship.Builder()
    .name("SUCCESS")
    .description("Succes relationship")
    .build();
```

除此以外，我们还可以对输出日志的级别进行配置，如代码清单 9-5 所示。

代码清单 9-5　Processor 日志级别配置

```
public static final PropertyDescriptor LOG_LEVEL = new PropertyDescriptor.Builder()
  .name("Amount to Log")
  .description("How much the Processor should log")
  .allowableValues(REGULAR, VERBOSE, EXTENSIVE)
  .defaultValue(REGULAR.getValue())
  ...
  .build();
```

接下来需要处理 NiFi 初始化的问题，这里我们需要将一些参数添加到配置对象中，比如我们前面定义的 WKT_PATH，如代码清单 9-6 所示。

代码清单 9-6　NiFi 初始化逻辑

```
@Override
public void init(final ProcessorInitializationContext context){
    List<PropertyDescriptor> properties = new ArrayList<>();
    properties.add(WKT_PATH);
    this.properties = Collections.unmodifiableList(properties);

    Set<Relationship> relationships = new HashSet<>();
    relationships.add(SUCCESS);
    this.relationships = Collections.unmodifiableSet(relationships);
}

@Override
public Set<Relationship> getRelationships(){
    return relationships;
```

```
    }

    @Override
    public List<PropertyDescriptor> getSupportedPropertyDescriptors(){
        return properties;
    }
```

然后我们需要定义 Processor 的触发过程，这是整个 Processor 的核心部分，其调用是通过 onTrigger 来实现的，如代码清单 9-7 所示。

代码清单 9-7 onTrigger 函数

```
@Override
public void onTrigger(ProcessContext processContext,
                       ProcessSession processSession) throws ProcessException {
    final AtomicReference<Geometry> value = new AtomicReference<>();
    FlowFile flowFile = processSession.get();
    processSession.read(flowFile, in -> {
        try{
            String wkt= IOUtils.toString(in);
            Geometry geom = WKTUtils.read(wkt);
            value.set(geom );
        }catch(Exception ex){
            ex.printStackTrace();
            getLogger().error("Failed to read wkt string.");
        }
    });
    String results = value.get();
    if(results != null && !results.isEmpty()){
        flowFile = processSession.putAttribute(flowFile, "match", results);
    }
    // 将结果写入 FileFlow 里面
    flowFile = processSession.write(flowFile, out ->
                            out.write(value.get().toString().getBytes()));
    processSession.transfer(flowFile, SUCCESS);
}
```

我们可以看到 onTrigger 里面有两个 Lambda 表达式，分别对应读和写这两个过程。这里是 NiFi 提供的两个回调方法来实现读写功能：InputStreamCallback 和 OutputStreamCallback。

读过程展开函数如代码清单 9-8 所示。

代码清单 9-8 读过程展开函数

```
session.read(flowfile, new InputStreamCallback() {
    @Override
    public void process(InputStream in) throws IOException {
        try{
```

```
        String wkt= IOUtils.toString(in);
        Geometry geom = WKTUtils.read(wkt);
        value.set(geom );
    }catch(Exception ex){
        ex.printStackTrace();
        getLogger().error("Failed to read json string.");
    }
  }
});
```

写过程展开函数如代码清单 9-9 所示。

代码清单 9-9　写过程展开函数

```
flowfile = session.write(flowfile, new OutputStreamCallback() {
    @Override
    public void process(OutputStream out) throws IOException {
        out.write(value.get().toString().getBytes());
    }
});
```

3. 配置 SPI 信息

NiFi 在管理 Processor 时，使用到了 Java 的 SPI 技术，这是 Java 用来管理被第三方实现或者扩展 API 的组件，能够保证用户可以基于接口编程，只需要满足相对应的接口形式，编写对应的配置文件就能够实现动态加载代码逻辑。

因此我们在自定义 NiFi 的 Processor 时，除了编写具体的 Processor 代码，也需要编写相对应的 SPI 配置文件。这操作起来是非常简单的，用户只需要在 src/main/resources/META-INF/services/ 目录下，新建一个文件，将其命名为 org.apache.nifi.processor.Processor。在文件中添加我们前面编写好的 Processor 类的全路径即可，如代码清单 9-10 所示。

代码清单 9-10　SPI 配置文件内容

```
me.locationtech.learning.nifi.GeoemtryConverterProcessor
```

4. 部署

部署是比较容易的，用户只需要将代码编译成 NAR 包，然后部署到服务器上，执行重启 NiFi 的命令即可，如代码清单 9-11 所示。

代码清单 9-11　NiFi 重启命令

```
$NIFI_HOME/bin/nifi.sh stop
$NIFI_HOME/bin/nifi.sh start
```

9.3.2 GeoMesa 扩展结构

在 GeoMesa NiFi 中，代码被分成了 3 层，如图 9-5 所示。顶层的模块是 geomesa-nifi，它是整个工程的父模块。然后针对不同的数据源，每个数据源对应的代码逻辑被划分成了不同的 bundle 模块，例如针对 HBase 的 geomesa-hbase-bundle、针对 Accumulo 的 geomesa-accumulo-bundle 等。

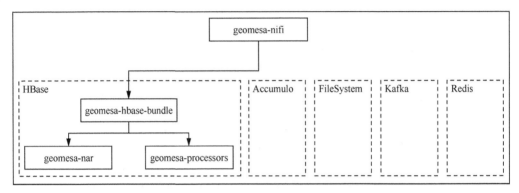

图 9-5　geomesa-nifi 架构

在每个 bundle 模块之下又划分了两个模块，一个是 nar 模块，另一个是 processors 模块。

其中 nar 模块主要负责的是依赖管理，用户基于这个模块可以直接将对应的代码编译成 NAR 包。

processors 模块中封装了很多具体的处理器代码，真正的处理逻辑都是通过这个模块来进行管理的。

9.4　GeoMesa NiFi 数据处理算子

从前文可知 NiFi 中核心的执行逻辑是封装在 Processor 中的，而 GeoMesa NiFi 中封装了很多的 Processor，大体可以分为转换器处理器、记录处理器、Avro 处理器、记录更新处理器、数据源处理器、转换处理器这 6 种。本节会对这几种 Processor 进行介绍。

9.4.1　转换器处理器

转换器处理器（Converter Processor）是负责对数据进行转换的，它接收表 9-2 所示的配置参数来指定输入源。每个数据存储的特定处理器还具有用于连接数据存储的附加参数。

表 9-2　转换器处理器的参数

参数	描述
SftName	SimpleFeatureType 的名称
SftSpec	SimpleFeatureType 的标准描述
FeatureNameOverride	在从 SftName 或 SftSpec 摄取时覆盖 SimpleFeatureType 的名称
ConverterName	处理器名称
ConverterSpec	处理器标准描述
ConverterErrorMode	处理器管理错误的模式（跳过错误记录或者抛出异常）
ConverterMetricReporters	改写处理器指标
ConvertFlowFileAttributes	向转换器框架公开流文件属性，按名称引用

9.4.2　记录处理器

记录处理器（Record Processor）是负责对数据进行记录的处理器，它接收表 9-3 所示的参数来指定数据源。

表 9-3　记录处理器的参数

参数	描述
Record reader	用于对传入数据进行反序列化的记录读取器
Feature type name	用于指定 SimpleFeatureType 架构的名称。如果未指定，将使用记录处理器中的名称
Feature ID column	将用作特征 ID 的列。如果未指定，将使用随机 ID
Geometry columns	将被反序列化为几何图形的列，以及它们的类型，作为 SimpleFeatureType 规范字符串（例如 the_geom:Point）。"*"可用于表示默认几何列，否则它将是模式中的第一个几何字段
Geometry serialization format	用于指定序列化或反序列化几何数据的格式，比如 WKT 或 WKB
JSON columns	包含有效 JSON 文档的列，以逗号分隔（必须是 String 类型的列）
Default date column	用作默认日期属性的列（必须是 Date 或 Timestamp 类型的列）
Visibilities column	用于指定特征可见性的列
Schema user data	用于配置 GeoMesa SimpleFeatureType 的用户数据，格式为"key1=value1, key2=value2"

GeoMesa 还提供了一个记录写入器，可用于通过任何支持基于记录的输出的 NiFi 处理器生成 GeoAvro 文件。GeoAvroRecordSetWriterFactory 使用上面详述的相同属性。

9.4.3　Avro 处理器

Avro 处理器（Avro Processor）是负责处理 Avro 文件的。因为 Avro 是大数据场景下非常通用的序列化和反序列化格式，因此我们接收到的数据和文件往往都是经过 Avro 处理器处理的。Avro 处理器的参数如表 9-4 所示。

表 9-4　Avro 处理器的参数

参数	描述
SftName	SimpleFeatureType 名称
SftSpec	SimpleFeatureType 的标准定义
FeatureNameOverride	覆盖 Avro 文件架构中的功能类型名称
Use provided feature ID	使用 Avro 文件中的功能 ID，或生成新的随机功能 ID

SftName、SftSpec 和 FeatureNameOverride 参数是可选的，如果未指定，将使用 Avro 文件中的模式。

9.4.4　记录更新处理器

记录更新处理器（Record Update Processor）为现有功能的基于记录的更新提供处理器。与修改模式下的摄取处理器相比，它只会更新记录中的字段，而保留现有特征中的其他字段。记录更新处理器接收表 9-5 所示的配置参数来指定输入源。

表 9-5　记录更新处理器的参数

参数	描述
Record reader	用于对传入数据反序列化的记录读取器
Feature type name	要更新的 SimpleFeatureType 的名称。如果未指定，将使用记录架构中的名称
Lookup column	将用于匹配更新特征的列
Feature ID column	将用作特征 ID 的列
Geometry columns	将被反序列化为几何图形的列，以及它们的类型，作为 SimpleFeatureType 规范字符串（例如 the_geom:Point）
Geometry serialization format	用于指定序列化或反序列化几何数据的格式，比如 WKT 或 WKB
Visibilities column	用于指定特征可见性的列

9.4.5 数据源处理器

数据源处理器(DataStore Processor)是用来处理不同数据源读写的处理器，GeoMesa NiFi 中提供 6 种数据源处理器：HBase、Accumulo、FileSystem、Kafka、Redis、GeoTools。

1. HBase

PutGeoMesaHBase 、 PutGeoMesaHBaseRecord 、 UpdateGeoMesaHBaseRecord 和 AvroToPutGeoMesaHBase 处理器用于将数据摄取到 HBase 的 GeoMesa 数据存储中。其具体的参数可以参考 GeoMesa-HBase 的读取参数。

2. Accumulo

PutGeoMesaAccumulo、PutGeoMesaAccumuloRecord、UpdateGeoMesaAccumuloRecord 和 AvroToPutGeoMesaAccumulo 处理器用于将数据摄取到 Accumulo 的 GeoMesa 数据存储中。其具体的参数可以参考 GeoMesa Accumulo 的读取参数。

3. FileSystem

PutGeoMesaFileSystem、PutGeoMesaFileSystemRecord、UpdateGeoMesaFileSystemRecord 和 AvroToPutGeoMesaFileSystem 处理器用于将数据摄取到 FileSystem 的 GeoMesa 数据存储中。要使用这些处理器，首先将一个添加到工作区并打开其配置的属性选项卡。其具体的参数可以参考 GeoMesa FileSystem 的读取参数。

4. Kafka

PutGeoMesaKafka、PutGeoMesaKafkaRecord 和 AvroToPutGeoMesaKafka 处理器用于将数据摄取到 Kafka 的 GeoMesa 数据存储中。其具体的参数可以参考 GeoMesa Kafka 的读取参数。

5. Redis

PutGeoMesaRedis、PutGeoMesaRedisRecord、UpdateGeoMesaRedisRecord 和 AvroToPutGeoMesaRedis 处理器用于将数据摄取到 Redis 的 GeoMesa 数据存储中。要使用这些处理器，首先将一个添加到工作区并打开其配置的属性选项卡。其具体的参数可以参考 GeoMesa Redis 的读取参数。

6. GeoTools

PutGeoTools、PutGeoToolsRecord、UpdateGeoToolsRecord 和 AvroToPutGeoTools 处理器用于将数据摄取到任何与 GeoTools 兼容的数据存储中。要使用这些处理器，首先将一个添加到工作区并打开其配置的属性选项卡，其中需要的参数如表 9-6 所示。

表 9-6　GeoTools 的参数

参数	描述
DataStoreName	要将数据摄取到其中的数据存储的名称

此处理器还可以接收用户尝试访问的特定数据存储可能需要的动态参数，可能需要添加额外的数据存储依赖项，可以通过 ExtraClasspaths 属性添加。

9.4.6　转换处理器

转换处理器（ConvertToGeoFile Processor）可以使用 GeoMesa 的内部转换器框架将文件转换为支持地理空间的数据格式，并将它们作为流传递给 NiFi 中的其他处理器使用。GeoMesa 支持以下输出格式：Arrow、Avro、16 字节二进制编码、CSV、GML2/3、JSON、Leaflet (HTML)、Orc、Parquet 和 TSV。

转换处理器的参数如表 9-7 所示。

表 9-7　转换处理器的参数

参数	描述
Output format	要使用的输出格式
GZIP level	应用于输出的 GZIP 压缩级别（1~9）
Include headers	在分隔的导出格式（CSV 和 TSV）中包含标题行

9.5　本章小结

本章主要介绍了如何使用 GeoMesa 来对数据工作流进行管理。GeoMesa 采用了业界使用比较多的 NiFi 来进行管理。本章先介绍了数据工作流、NiFi，然后介绍了 GeoMesa 与 NiFi 的整合方式，最后介绍了 GeoMesa NiFi 内部的数据处理算子。希望本章介绍的内容能够帮助读者在使用 GeoMesa 时，充分利用 NiFi 已有的生态，满足自己的需求。

第 **10** 章

GeoMesa 的数据存储方案

GeoMesa 为多种分布式列存数据库提供了与 GeoTools 兼容的数据存储，本章将介绍 GeoMesa 的数据存储方案。

10.1　使用 HBase 存储数据

10.1.1　HBase 概述

借用 HBase 官网的一句话，"Apache HBase is the Hadoop database, a distributed, scalable, big data store. HBase is a type of NoSQL database"。

如上所述，Apache HBase 是一个开源、Java 开发、非关系、面向列、基于键值存储、构建于 Hadoop 分布式文件系统（HDFS）上的、参考 Google BigTable 论文开发的分布式大数据存储数据库，其 Table 存储结构如图 10-1 所示。

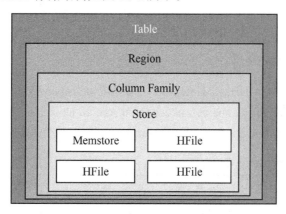

图 10-1　HBase Table 存储结构

如图 10-1 所示，从外至内，一个 Table 由若干 Region 组成，一个 Region 由若干 Column

Family 组成，一个 Column Family 由一个 Store 组成，一个 Store 由一个 MemStore 和若干 HFile 组成。此外，HFile 又由 Block 组成，Block 由 Cell 组成。

HBase 采用的是典型的键值存储结构，每行数据由全局唯一的键 RowKey 确定，并且数据是按 RowKey 的字典排序进行物理存储的，故可通过设计 RowKey 使相似的数据在物理层面离得更近，这也符合在第 5 章所述的索引原则。综上，HBase 支持海量数据存储，且拥有高效的键值索引功能，因此 HBase 是 GeoMesa 良好的数据存储选择。

10.1.2　GeoMesaHBase DataStore 简介

GeoMesa 基于 GeoTools 的 DataStore 接口实现了 HBase 存储，具体实现可见 org.locationtech.geomesa.hbase.data.HBaseDataStore。以下将从 GeoMesaHBase DataStore 的安装、使用和配置这 3 个方面进行简单介绍。

1. 安装 HBase DataStore

GeoMesa 目前仅支持 HBase 1.4.x 和 HBase 2.2.x，最简单的入门方法之一是从 GitHub 上直接下载最新的二进制发行版，故这里仅对二进制发行版（Binary Distribution）的安装进行简单介绍。如代码清单 10-1 所示，将${TAG}替换为相应的 GeoMesa 版本，例如 3.4.0，将${VERSION}替换为相应的 Scala 版本加 GeoMesa 版本，例如 2.12-3.4.0。

代码清单 10-1　HBase DataStore 安装过程

```
# 下载并解压数据
$ wget "https://XXX/geomesa-${TAG}/geomesa-hbase_${VERSION}-bin.tar.gz"
$ tar xvf geomesa-hbase_${VERSION}-bin.tar.gz
$ cd geomesa-hbase_${VERSION}
$ ls
bin/  conf/  dist/  docs/  examples/  lib/  LICENSE.txt  logs/
```

2. 使用 HBase DataStore

要想成功创建 GeoMesaHBase DataStore，需保证 hbase-site.xml 的路径可用，以方便获取 HBase 的必要连接参数，如 hbase.zookeeper.quorum 和 hbase.zookeeper.property.clientPort。用户可通过 GeoTools 获取 GeoMesaHBase Datastore 实例，如代码清单 10-2 所示。

代码清单 10-2　HBase DataStore 调用方式

```
Map<String, Serializable> parameters = new HashMap<>();
parameters.put("hbase.catalog", "geomesa");
org.geotools.data.DataStore dataStore =
    org.geotools.data.DataStoreFinder.getDataStore(parameters);
```

这里列举部分创建 GeoMesaHBase DataStore 所需或可选的参数，如表 10-1 所示。

表 10-1　GeoMesaHBase DataStore 参数

参数名称	是否必填	参数类型	参数解释
hbase.catalog	是	String	GeoMesa Catalog Table 名称
hbase.zookeepers	否	String	以逗号分隔的 ZooKeeper 服务器列表
hbase.coprocessor.url	否	String	包含协处理器的 GeoMesa jar 路径，用于自动注册
hbase.connections.reuse	否	Boolean	是否共享 HBase 已有连接
hbase.security.enabled	否	Boolean	是否启用 HBase 安全机制
geomesa.query.timeout	否	String	允许执行的最长时间
geomesa.query.threads	否	Integer	单次查询的线程数量
hbase.coprocessor.threads	否	Integer	单个协处理器查询使用的 HBase RPC 线程数
geomesa.query.loose-bounding-box	否	Boolean	是否使用松散的边界，用于加快查询，但可能会返回无关数据
hbase.ranges.max-per-extended-scan	否	Integer	单个扩展扫描的最大范围，基于该配置，范围 Range 将会被分组为 Scan
hbase.ranges.max-per-coprocessor-scan	否		单个协处理器扫描的最大范围
hbase.coprocessor.scan.parallel	否	Boolean	是否触发并行的协处理器扫描
geomesa.query.caching	否	Boolean	是否缓存查询结果

3. 配置 HBase DataStore

这里列举部分 GeoMesaHBase DataStore 配置。

geomesa.hbase.client.scanner.caching.size。该配置决定客户端 Scanner 预读取的数据行数，即缓存值，较高的缓存值将加快查询，但同时也会耗费更多内存。

geomesa.hbase.scan.buffer。若客户端消费结果的速度不如返回结果的速度快，则该配置指定执行扫描时在本地内存中预缓冲的最大结果数。

geomesa.hbase.table.availability.timeout。该配置指定创建新表后多久可用，其值为持续时间，例如 5 min。

geomesa.hbase.wal.durability。该配置决定客户端是否采用 WAL（Write Ahead Logging）模式，当运行性能比可靠性更重要时，这可以提高性能，可用设置包括 ASYNC_WAL、FSYNC_WAL、SKIP_WAL、SYNC_WAL 和 USE_DEFAULT。

geomesa.hbase.write.batch。该配置决定写入时刷新到磁盘前可缓冲的字节数。

geomesa.hbase.query.block.caching.enabled。该配置决定是否缓存查询块，默认为 true。

此外，GeoMesa 提供了一系列配置以优化底层 HBase 的索引表存储，这里重点列举两个配置：文件压缩和存活时间。

文件压缩（File Compression）。用户可在创建 SimpleFeatureType 时通过 UserData 参数对 GeoMesa 进行配置，目前支持的压缩方式有 SNAPPY、LZO、GZ、Bzip2、LZ4 和 Zstd，如代码清单 10-3 所示。

代码清单 10-3　文件压缩方式配置

```
sft.getUserData().put("geomesa.table.compression.type", "snappy");
```

存活时间（Time to Live）。GeoMesa 支持对每个 SimpleFeatureType 单独设置存活时间，存活时间可基于数据入库时间或时间属性进行设置，如代码清单 10-4 所示。

代码清单 10-4　数据存活时间配置

```
sft.getUserData().put("geomesa.feature.expiry", "24 hours");
sft.getUserData().put("geomesa.feature.expiry", "dtg (24 hours)");
```

其余更多配置可参考 GeoMesa 官网的 HBase Data Store 章节。

10.2　使用 Kafka 存储数据

10.2.1　Kafka 概述

Kafka 是分布式的基于发布/订阅模式的消息队列（Message Queue），主要应用于大数据实时处理领域。Kafka 最初由 LinkedIn 开发，于 2010 年作为顶级开源项目贡献给 Apache 基金会。其主要设计目标如下。

- 在时间复杂度为 $O(1)$ 的基础上提供消息持久化能力。

- 高吞吐率，即使在廉价机器上也能实现高效数据传输。

- 支持消息分区和分布式消费，同时确保每个分区内消息的顺序传输。

- 支持实时、离线数据处理。

- 支持在线水平扩展以应对海量数据的处理请求。

10.2.2　GeoMesa Kafka DataStore 简介

GeoMesa 基于 GeoTools 的 DataStore 接口实现了 Kafka DataStore，具体实现可见 org.locationtech.geomesa.kafka.data.KafkaDataStore。以下将从 GeoMesa Kafka DataStore 的安装、使用和配置这 3 个方面进行简单介绍。

1. 安装 Kafka DataStore

GeoMesa 目前支持 Kafka 0.10.x 或更高版本，最简单的入门方法之一是从 GitHub 上直接下载最新的二进制发行版，故这里仅对二进制发行版的安装进行简单介绍。如代码清单 10-5 所示，将${TAG}替换为相应的 GeoMesa 版本，例如 3.4.0，将${VERSION}替换为相应的 Scala 版本加 GeoMesa 版本，例如 2.12-3.4.0。

代码清单 10-5　Kafka DataStore 安装过程

```
# 下载并解压数据
$ wget
"https://XXX/download/geomesa-${TAG}/geomesa-kafka_${VERSION}-bin.tar.gz"
$ tar xzvf geomesa-kafka_${VERSION}-bin.tar.gz
$ cd geomesa-kafka_${VERSION}
$ ls
bin/  conf/  dist/  docs/  examples/  lib/  LICENSE.txt
```

2. 使用 Kafka DataStore

用户可通过 GeoTools 的发现机制获取 Kafka DataStore 实例，如代码清单 10-6 所示。

代码清单 10-6　Kafka DataStore 调用方法

```
import org.geotools.data.DataStore;
import org.geotools.data.DataStoreFinder;

Map<String, Serializable> parameters = new HashMap<>();
parameters.put("kafka.zookeepers", "localhost:2181");
parameters.put("kafka.brokers", "localhost:9092");
DataStore dataStore = DataStoreFinder.getDataStore(parameters);
```

这里列举部分创建 GeoMesa Kafka DataStore 所需或可选的参数，如表 10-2 所示。

表 10-2 GeoMesa Kafka DataStore 参数

参数名称	是否必填	参数类型	参数解释
kafka.brokers	是	String	Kafka Brokers，如 localhost:9092
kafka.zookeepers	是	String	Kafka ZooKeepers，如 localhost:2181
kafka.producer.config	否	String	Producer 配置路径，Java Properties 格式
kafka.producer.clear	否	Boolean	是否忽略启动前的数据
kafka.consumer.config	否	String	Consumer 配置路径，Java Properties 格式
kafka.consumer.count	否	Integer	单个 FeatureType 的 Consumer 数量
kafka.topic.partitions	否	Integer	Topic 的分区数量
kafka.topic.replication	否	Integer	Topic 的备份数量
kafka.serialization.type	否	String	消息序列化方式，仅支持 Kryo 和 Avro
kafka.cache.expiry	否	String	Feature 在内存中的过期时间，如 10 min
kafka.index.cqengine	否	String	对缓存使用 CQEngine 进行索引

3. 配置 Kafka DataStore

这里列举一些比较重要的 GeoMesa Kafka DataStore 配置。

geomesa.kafka.topic 配置定义了 Kafka topic 名称，如代码清单 10-7 所示。

代码清单 10-7　Kafka 中 Topic 名称配置

```
sft.getUserData().put("geomesa.kafka.topic", "myTopicName");
```

kafka.topic.config 配置可对 Kafka topic 进行自定义，其值为 Java Properties 格式，具体可参考 Kafka 官网，如代码清单 10-8 所示。

代码清单 10-8　Kafka 中 Topic 配置信息

```
sft.getUserData().put("kafka.topic.config",
"cleanup.policy=compact\nretention.ms=86400000");
```

默认情况下，Kafka consumer 将会从 topic 末尾开始消费数据，这就意味着它只能看到启动后的数据更新。通过该配置，用户可让 consumer 从 topic 开头开始消费，其值是一个持续时间，用户可以通过配置 kafka.consumer.read-back 来对 Kafka 进行控制，如代码清单 10-9 所示。若想读取整个消息队列，可将该值设为 Inf。

代码清单 10-9   Kafka 中消费者配置

```
sft.getUserData().put("kafka.consumer.read-back", "1 hour");
```

Kafka consumer 使用内存中的空间索引进行查询，该空间索引基于网格划分，其将整个空间划分为若干粗粒度网格，默认为 360 × 180 个网格单元，查询时仅检查相关的网格单元。该配置定义了网格划分的粒度大小，增大网格粒度会使得查询更加精确，但同时也会耗费更多内存，如代码清单 10-10 所示。

代码清单 10-10   Kafka 中内存空间索引配置

```
sft.getUserData().put("kafka.index.resolution.x", "360");
sft.getUserData().put("kafka.index.resolution.y", "180");
```

对于非点几何类型，Kafka consumer 使用内存中的分层空间索引进行查询，每个几何元素根据其最小边界矩形放置在对应的层中，默认将创建 4 个尺寸分别为 1 × 1、4 × 4、32 × 32 和 360 × 180 的层。kafka.index.tiers 配置可指定创建的层数及层的尺寸，层内使用冒号分隔，层间使用逗号分隔，注意这里数值的单位为度，如代码清单 10-11 所示。

代码清单 10-11   Kafka 中索引层次

```
sft.getUserData().put("kafka.index.tiers", "1:1,4:4,32:32,360:180");
```

默认情况下，Kafka consumer 会创建空间索引，但是对于其他查询，例如时间范围查询或属性等值查询，consumer 就必须迭代所有数据得到最终结果。为支持其他索引机制，GeoMesa 支持通过 CQEngine 创建额外索引以支持非空间查询。kafka.index.cqengine 配置用于定义 CQEngine 创建的索引类型，值为逗号分隔的 name:type 列表，其中 name 是属性名，type 为索引类型，如代码清单 10-12 所示。

代码清单 10-12   Kafka 中 CQEngine 的索引层次

```
sft.getUserData().put("kafka.index.cqengine", "
name:radix,age:default,dtg:navigable,geom:geometry");
```

默认情况下，Kafka consumer 会使用懒加载的反序列化机制，即仅在需要时对数据进行反序列化，对于通常只需要几何属性的地图渲染或写任务繁重的工作流，可节省对无用属性的反序列化和实例化的内存开销。懒加载的反序列化会带来一定的运行时代价，因为在返回每个属性前必须检查是否对其进行反序列化，但代价通常很小。用户也可通过将 kafka.serialization.lazy 配置设为 false 来禁用懒加载反序列化机制，如代码清单 10-13 所示。

代码清单 10-13　Kafka 中 CQEngine 的索引层次

```
sft.getUserData().put("kafka.serialization.lazy", "false");
```

其余更多配置可参考 GeoMesa 官网的 Kafka Data Store 章节。

10.3　使用 Redis 存储数据

10.3.1　Redis 概述

借用 Redis 官网的一句话，"Redis is an open source, in-memory data structure store, used as a database, cache and message broker"。

如上所述，Redis 的设计范式是将一切数据存储在内存中，所以其存储和查询速度都非常快，但同时由于内存硬件大小的限制，Redis 通常无法支持海量数据存储。故在 GeoMesa 中，使用 Redis 存储流式数据的当前状态是个不错的选择，或者作为分层存储架构的一部分用于高访问热点数据存储，但并不适合存储长期的历史数据。

10.3.2　GeoMesa Redis DataStore 简介

GeoMesa 基于 GeoTools 的 DataStore 接口实现了 Redis DataStore，具体实现可见 org.locationtech.geomesa.redis.data.RedisDataStore。以下将从 GeoMesa Redis DataStore 的安装、使用和配置这 3 个方面进行简单介绍。

1. 安装 Redis DataStore

GeoMesa 目前支持 Redis 5.0.x，最简单的入门方法之一是从 GitHub 上直接下载最新的二进制发行版，故这里仅对二进制发行版的安装进行简单介绍。如代码清单 10-14 所示，将 ${TAG} 替换为相应的 GeoMesa 版本，例如 3.4.0，将 ${VERSION} 替换为相应的 Scala 版本加 GeoMesa 版本，例如 2.12-3.4.0。

代码清单 10-14　GeoMesa-Redis 安装过程

```
# 下载并解压数据
$ wget
"https://XXX/geomesa-${TAG}/geomesa-redis_${VERSION}-bin.tar.gz"
$ tar xvf geomesa-redis_${VERSION}-bin.tar.gz
$ cd geomesa-redis_${VERSION}
$ ls
bin/  conf/  dist/  docs/  examples/  lib/  LICENSE.txt  logs/
```

2. 使用 Redis DataStore

用户可通过 GeoTools 获取 GeoMesa Redis DataStore 实例，如代码清单 10-15 所示。

代码清单 10-15　GeoMesa-Redis 使用方法

```
Map<String, Serializable> parameters = new HashMap<>();
parameters.put("redis.url", "redis://localhost:6379");
parameters.put("redis.catalog", "geomesa");
org.geotools.data.DataStore dataStore =
    org.geotools.data.DataStoreFinder.getDataStore(parameters);
```

然后用户可以配置一些相关的参数，如表 10-3 所示。

表 10-3　GeoMesa Redis DataStore 参数

参数名称	是否必填	参数类型	参数解释
redis.url	是	String	连接 Redis 的 URL
redis.catalog	是	String	GeoMesa Catalog Table 名称
redis.connection.pool.size	否	Integer	Redis 最大连接数
redis.connection.pool.validate	否	Boolean	在连接池中获取连接时是否开启测试
redis.pipeline.enabled	否	Boolean	是否开启查询请求的管道，若开启则会减少网络延迟，但查询将被限制为单个执行进程
geomesa.query.threads	否	Integer	单次查询所使用的线程数（非管道模式）
geomesa.query.timeout	否	String	单次查询允许的最长时间，例如 1 min
geomesa.query.audit	否	Boolean	是否将查询写入日志文件
geomesa.query.loose-bounding-box	否	Boolean	是否使用松散的边界，这样会加快查询，但可能会返回无关数据
geomesa.query.caching	否	Boolean	是否缓存查询结果

3. 配置 Redis DataStore

这里列举部分重要的 GeoMesa Redis DataStore 配置。

geomesa.redis.age.off.interval 配置决定 Redis 进行元素过期检查的频次，例如 1 h 或 10 min，默认为 10 min。

为应对由于客户端并发冲突而导致的数据写入失败的问题，GeoMesa 设置了重试机制，geomesa.redis.tx.pause 配置决定重试的等待时间，默认为 100 ms。

geomesa.redis.tx.retry 配置决定重试的最大次数，默认为 10 次。

当系统繁忙时，若每个客户端重试都等待相同时间，则依旧有较大概率再次冲突，为解决该问题，一个简单的思路便是每次等待不同的时间，且重试次数越多等待时间越长。geomesa.redis.tx.backoff 配置决定每次重试的回退乘数（Back-off Multiplier），其值为逗号分隔的整数列表，其中每个数字对应一次重试尝试。默认情况下，回退乘数为 "1,1,2,2,5,10,20"，假设重试等待时间为 10 ms，则第一次和第二次重试等待(1×10)ms，第三次和第四次重试等待(2×10)ms，第五次重试等待(5×10)ms，第六次重试等待(10×10)ms，后续任何重试将等待(10×20)ms。此外，为防止客户端均等待相同时间，GeoMesa 还在重试等待时间上加了一个小的随机延迟。

geomesa.redis.write.batch 配置决定批量写入 Redis 的数据量，当使用 GeoTools 时，只有数据达到该阈值才会触发入库逻辑，除非显式调用 flash 或 close 方法。默认批量写入数据量阈值为 1000。

其余更多配置可参考 GeoMesa 官网的 Redis Data Store 章节。

10.4　使用 CQEngine 存储数据

10.4.1　CQEngine 概述

CQEngine（Collection Query Engine），是一款集合查询引擎，基于 Java 开发，可使用 SQL-Like 进行查询，延迟极低，主要优势如下。

- 每秒可实现数百万次查询，查询延迟以微秒为单位。

- 分担数据库流量，减轻数据库压力。

- 性能胜过数据库数千倍，即使在低端硬件上。

- 支持堆内持久化、堆外内存持久化和磁盘持久化。

- 支持多版本并发控制（Multi-Version Concurrency Control，MVCC）事务隔离。

10.4.2　GeoMesa CQEngine DataStore 简介

在 GeoMesa 的 geomesa-memory 模块，我们通过集合查询引擎 CQEngine 提供索引和查询 SimpleFeature 的内存缓存，其主要的实现类是 GeoCQEngine。

当创建 GeoCQEngine 时，需索引的属性以元组列表的形式传入，格式如 (name,type)，其中 name 对应属性名称，type 对应 CQEngine 的索引类型，CQEngine 支持的索引如表 10-4 所示。

表 10-4　GeoMesa CQEngine 支持的索引

索引类型	属性类型	描述
default	Any	根据属性类型自行判断索引
navigable	Date 和 Numeric	支持等值、大于和小于查询
radix	String	支持字符串匹配查询
unique	String、Integer 和 Long	支持唯一值查询
hash	String、Integer 和 Long	支持等值查询
geometry	Geometry	几何类型的自定义索引

值得注意的是，若没有用于查询的适当索引，则默认会扫描整个数据集。

下面对 GeoMesa 的 GeoCQEngine 的简单使用进行举例，如代码清单 10-16 所示。

首先创建一个 GeoCQEngine 实例，其参数是 sft 和需要构建索引的属性及其索引类型；然后使用 insert 方法插入数据，支持批量和单条数据导入，值得注意的是，还可使用 remove 方法移除指定 fid 的数据；最后使用 query 方法结合构造好的 ECQL 查询条件进行查询并遍历得到结果即可。

代码清单 10-16　GeoMesa CQEngine 使用方法

```scala
import org.geotools.feature.simple.SimpleFeatureBuilder
import org.geotools.filter.text.ecql.ECQL
import org.locationtech.geomesa.memory.cqengine.GeoCQEngine
import org.locationtech.geomesa.memory.cqengine.utils.CQIndexType
import org.locationtech.geomesa.utils.geotools.SimpleFeatureTypes
import org.locationtech.jts.geom.{Coordinate, GeometryFactory, PrecisionModel}
import org.opengis.feature.simple.{SimpleFeature, SimpleFeatureType}

object CQEngineExample {
  def main(args: Array[String]): Unit = {
    // 准备工作
    val attrNum = 2
    val spec = "who:String,*where:Point:srid=4326"
    val sft = SimpleFeatureTypes.createType("test", spec)
    val factory = new GeometryFactory(new PrecisionModel(), 4326)

    def buildFeature(sft: SimpleFeatureType, fid: Int): SimpleFeature = {
      val attributes = new Array[Object](attrNum)
      attributes(0) = "who" + fid
      attributes(1) = factory.createPoint(new Coordinate(fid % 180, fid % 90))
```

```scala
        SimpleFeatureBuilder.build(sft, attributes, "fid" + fid)
    }

    // 创建 GeoCQEngine 实例
    val cq = new GeoCQEngine(sft, Seq(("who", CQIndexType.DEFAULT), ("where",
CQIndexType.GEOMETRY)))

    // 批量插入数据
    cq.insert(Seq.tabulate(1000)(i => buildFeature(sft, i)))

    // 插入单条数据
    val feature = buildFeature(sft, 1001)
    cq.insert(feature)

    // 移除指定数据
    cq.remove(feature.getID)

    // 查询（结果为迭代器）
    val filter = ECQL.toFilter("who = 'who999' and bbox(where, 0, 0, 180, 90)")
    val reader = cq.query(filter)
    assert(reader.size == 1)

    // 清除缓存
    cq.clear()
  }
}
```

10.5 使用 FileSystem 存储数据

10.5.1 FileSystem 概述

文件系统（File System）是操作系统用来定义存储设备或分区上的文件的方法，即用于在存储设备上组织数据文件的方法。GeoMesa FileSystem DataStore（以下简称为 GeoMesa FSDS）可在任何分布式或本地文件系统上运行，包括 Amazon S3、Hadoop HDFS、Google FileStorage 和 Azure BlobStore 等，用户能够通过弹性计算资源替代专用服务器来节约成本。GeoMesa FSDS 利用云原生和分布式文件系统的性能特点来扩展批量分析查询，是使用 Spark SQL 和 MapReduce 等框架进行大型分析作业的不错选择。

10.5.2 GeoMesa FSDS 简介

GeoMesa FSDS 为使用 Spark 等框架进行大规模联机分析处理（Online Analytical Processing，OLAP）提供了高效的解决方案，它采用列存储格式，支持数据压缩和基于列的编码，以实现高效的 OLAP 查询。GeoMesa FSDS 允许用户将数据抽取、转换、装载（Extract Transformation Load，ETL）到文件系统中，或者利用 GeoMesa 的转换器包装现有的文件系统存储目录。在使用这两种模式时，用户必须提供一个自定义的分区方案来描述目录结构的布局。

GeoMesa FSDS 主要由以下几个组件组成：文件系统、分区模式、存储格式、查询引擎。

GeoMesa FSDS 可使用实现了 Hadoop FileSystem API 的任何文件系统，其中最常用的文件系统有 HDFS（Hadoop Distributed File System）、S3（Simple Storage Service）、GCS（Google Cloud Storage）、WASB（Windows Azure Storage Blob）和 Local（如本地磁盘或 NFS）。选择文件系统通常取决于成本和性能要求。值得注意的是，S3、GCS 和 WASB 都是云存储，这意味着其构建在 Amazon、Google 和 Microsoft Azure 的云平台中。这些云存储与计算节点分开扩展，计算节点通常提供更经济、高效的存储解决方案。与 HDFS 相比，它们的每 GB 存储价格更低，但延迟更高，能够在关闭所有计算节点后持久化数据。

分区模式（Partition Scheme），定义文件系统上数据的布局策略。定义数据如何分区很重要，因为这决定了如何查询数据。当系统评估查询条件时，往往基于数据分区方案直接过滤与条件不匹配的数据文件，从而加快查询进程。

存储格式（Storage Format），定义数据存储在文件中的格式或编码。GeoMesa 目前支持以下 3 种数据存储格式。

Apache Parquet，这是 Hadoop 生态系统中的列存格式，支持结构化数据的高效压缩、存储和查询。

Apache ORC，这是为 Hadoop 工作负载而设计的一种自我描述的支持类型的列式文件格式，针对大型流式读取进行了优化，并且支持快速查询所需行。

Converter Storage，这是一种合成格式，允许用户使用自定义的分区方案，支持 JSON、CSV、TSV、Avro 和其他格式存储的现有数据。

查询引擎（Query Engine），用于执行查询和运行分析作业。GeoMesa 支持几种常见的查询引擎，如 Spark、MapReduce 和 CQEngine 等。

以下将从 GeoMesa FSDS 的安装、使用和配置这 3 个方面进行简单介绍。

1. 安装 FileSystem DataStore

最简单的方法之一是从 GitHub 上直接下载最新的二进制版本，故这里仅对二进制发行版的安装进行简单介绍。如代码清单 10-17 所示，将\${TAG}替换为相应的 GeoMesa 版本，例如 3.4.0，将\${VERSION}替换为相应的 Scala 版本加 GeoMesa 版本，例如 2.12-3.4.0。

代码清单 10-17　GeoMesa File System 安装过程

```
# 下载并解压数据
$ wget "https://XXX /locationtech/geomesa/
releases/download/geomesa-${TAG}/geomesa-fs_${VERSION}-bin.tar.gz"
$ tar xvf geomesa-fs_${VERSION}-bin.tar.gz
$ cd geomesa-fs_${VERSION}
$ ls
bin/  conf/  dist/  docs/  examples/  lib/  LICENSE.txt  logs/
```

2. 使用 FileSystem DataStore

用户可通过 GeoTools 获取 GeoMesa FSDS 实例，如代码清单 10-18 所示。

代码清单 10-18　GeoMesa File System 使用方法

```
Map<String, String> parameters = new HashMap<>;
parameters.put("fs.path", "hdfs://localhost:9000/fs-root/");
org.geotools.data.DataStore dataStore =
org.geotools.data.DataStoreFinder.getDataStore(parameters);
```

这里列举部分创建 GeoMesa FSDS 所需或可选的参数，如表 10-5 所示。

表 10-5　GeoMesaFSDS 参数

参数名称	是否必填	参数类型	参数解释
fs.path	是	String	读取或写入数据的根目录
fs.encoding	否	String	Schema 的编码格式，如 Parquet 或 ORC
fs.read-threads	否	Integer	查询的线程数
fs.writer.partition.timeout	否	String	写入完成后关闭分区文件的时间，如 1 min
fs.config.paths	否	String	Hadoop 配置资源文件路径
fs.config.xml	否	String	Hadoop 配置 XML 文件路径

下面举一个 FSDS 的简单示例，使用 Amazon S3 作为数据存储，并且使用 Spark SQL 作为查询引擎，如代码清单 10-19 所示。

代码清单 10-19　利用 Spark 来调用 GeoMesa File System 的方法

```
val dataFrame = spark.read
  .format("geomesa")
  .option("fs.path","s3a://mybucket/geomesa/datastore")
  .option("geomesa.feature", "gdelt")
  .load()
dataFrame.createOrReplaceTempView("gdelt")
```

```
// 查询
spark.sql("SELECT eventCode, count(*) as count FROM gdelt " +
        "WHERE dtg >= '2017-06-01T00:00:00Z' " +
        "GROUP BY eventcode ORDER by count DESC").show()
```

GeoMesa FSDS 支持通过 GeoTools API 更新和删除数据，修改会在查询时带来额外开销。更新或删除要素数据时，将创建包含修改的新文件，但是为了确保原子操作，不会修改原始文件。因此，查询时，必须按顺序读取受影响分区中的文件，以便正确处理修改。在 Spark 中，这需要额外的排序和合并步骤。因此，更新或删除要素都会减慢查询速度，对于非常大的数据集，由于需要跟踪修改，所需开销甚至可能超过可用内存。值得注意的是，压缩分区后，修改将与原始文件合并，从而避免性能损失。

3. 配置 FileSystem DataStore

这里列举几个常见的文件写入和缓存配置。

（1）指定数据文件的目标大小时，此属性决定可接受的误差幅度。在压缩过程中，可合并或拆分幅度以外的文件。该值为 0 至 1 的浮点值，默认为 0.05，例如若目标文件大小为 100 字节，则阈值为 0.05 表示 95 ~ 105 字节大小的文件都不会被压缩。用户可以通过配置 geomesa.fs.size.threshold 来调整这个数值。

（2）当涉及多个分区的写入时，每个分区的写入状态都会保持打开，直至整个写入过程关闭，故当一次性写入太多分区时，由于写入程序数量太多，可能会导致内存问题。为缓解这种情况，可配置空闲分区在指定时间后自动关闭，即 geomesa.fs.writer.partition.timeout 参数，以节约内存空间。该值定义为持续时间，如 60 s。

（3）为避免从磁盘中重复读取相同数据，GeoMesa 会将磁盘操作结果缓存一段时间，但这样做的副作用是，由外部进程修改的文件可能在缓存超时后才可见。该值定义为持续时间，默认为 10 min。用户可以通过配置 geomesa.fs.file.cache.duration 参数来控制其值。

此外，当通过 GeoMesa FSDS 创建 SimpleFeatureType 时，有几个必须指定的配置。

（1）配置文件存储格式。FSDS 目前支持 Apache Parquet、ORC 和 Converter Storage 这 3 种存储格式，用户可通过 UserData 的 geomesa.fs.encoding 参数指定文件存储格式，如代码清单 10-20 所示。

代码清单 10-20　GeoMesa File System 的文件存储格式配置

```
sft.getUserData.put("geomesa.fs.encoding", "parquet");
```

（2）配置分区模式。分区模式用于定义数据文件在文件系统的文件夹中的布局方式，用户可通过 UserData 的 geomesa.fs.scheme 参数指定分区模式,如代码清单 10-21 所示。

代码清单 10-21 GeoMesa File System 的分区模式配置

```
sft.getUserData.put("geomesa.fs.scheme",
"""{ "name": "daily", "options": { "dtg-attribute": "dtg" } }""")
```

(3)配置叶存储。叶存储(Leaf Storage)用于决定文件和文件夹的最终布局,若使用叶存储,则分区路径的最后一个名称将被用作数据文件名的前缀,而不是生成单独的文件夹,这样可以减少文件系统的目录开销。例如,"yyyy/MM/dd"的分区模式将生成类似"2022/01/01"的分区路径,若开启叶存储,则该分区的数据文件将为"2022/01/01_<datafile>.parquet",反之若不使用叶存储,文件将为"2022/01/01/<datafile>.parquet",这样便多出了额外级别的目录。用户可通过 UserData 的 geomesa.fs.leaf-storage 参数指定是否使用叶存储,该参数默认为 true,如代码清单 10-22 所示。

代码清单 10-22 GeoMesa File System 的叶存储配置

```
sft.getUserData.put("geomesa.fs.leaf-storage", "false")
```

(4)配置目标文件大小上限。默认情况下,随着写入数据的不断增加,数据文件可增长至无限大小,而文件太大,则会导致性能下降。为限制文件大小,用户可通过 UserData 的 geomesa.fs.file-size 参数指定目标文件大小上限,如代码清单 10-23 所示。

代码清单 10-23 GeoMesa File System 的文件大小上限配置

```
sft.getUserData.put("geomesa.fs.file-size", "1GB")
```

(5)配置元数据持久化。FSDS 将元数据保存在分区和数据文件中,以避免重复访问文件系统,默认情况下,元数据作为更改日志存储在文件系统中,无须其他数据结构。此外,GeoMesa FSDS 还支持使用 JDBC 在关系数据库中持久化元数据,用户可通过 UserData 的 geomesa.fs.metadata 参数指定,如代码清单 10-24 所示。

代码清单 10-24 GeoMesa File System 的元数据持久化配置

```
sft.getUserData.put("geomesa.fs.metadata","""{ "name": "jdbc", "options":
{ "jdbc.url":"jdbc:postgresql://localhost/geomesa" } }""")
```

最后介绍几种 GeoMesa FSDS 预设的分区模式。

(1)时间模式(Temporal Schemes)。该模式名称为"datetime",基于 Java DateTime 字符串格式来布局数据,字符串使用斜杠分割,用于构建目录结构。其中,配置"dtg-attribute"用于指定 SimpleFeatureType 中用于数据分区的 Date 类型的属性名称,若未指定,则使用默认 Date 类型属性。配置"datetime-format"用于指定时间字符串格式，例如"yyyy/MM/dd"。此外，GeoMesa 也预设了一些格式供用户选择，如"daily"代指"yyyy/MM/dd"、"weekly"代指"yyyy/ww"和"monthly"代指"yyyy/MM"等。

（2）空间模式（Spatial Schemes）。该模式基于空间填充曲线来布局数据，主要分为 z2 和 xz2 两种：点空间模式，其名称为"z2"，可通过配置"z2-resolution"指定 Z 索引精度的位数，注意位数必须是 2 的倍数；非点空间模式，其名称为"xz2"，可通过配置"xz2-resolution"指定 XZ 索引精度的位数，位数也必须是 2 的倍数。此外，用户可通过配置"geom-attribute"指定 SimpleFeatureType 中用于分区的 Geometry 类型的属性名称，若未指定，则使用默认 Geometry 类型属性。

（3）属性模式（Attribute Schemes）。该模式名称为"attribute"，基于词典编码的属性值来布局数据。其中，配置"partitioned-attribute"用于指定 SimpleFeatureType 中用于数据分区的属性名称。

（4）组合模式（Composite Schemes）。该模式是其他分区模式的分层组合，组合的命名方法是将各模式的名称串联在一起，用逗号分隔，例如"hourly,z2-2bits"。

10.6　使用 Lambda 存储数据

10.6.1　Lambda 概述

在数据服务中，高效处理大规模数据，实现高吞吐、低延迟，是架构设计的核心。数据处理一般来说可以分为离线处理和实时处理：前者对应批处理，将一段时间积累的历史数据批量进行全量计算；后者对应流处理，在数据流中不断处理新数据以进行增量计算。为同时支持批处理和流处理，业界提出了 Lambda 架构，其架构如图 10-2 所示。

图 10-2　Lambda 架构

如图 10-2 所示，Lambda 架构分别拥有独立的批处理和流处理链路。离线计算链路是传统的批处理流程，通过 Sqoop 或 Kafka 对业务数据进行采集和传输，然后统一存储至 HDFS，最后通过 Spark 对采集的数据进行 ETL 和分析以完成业务需求。实时计算链路则是通过流处理层和在线服务层实现，通过 Flink 对采集的数据进行增量计算，然后在在线服务层合并批处理与流处理的结果，最后计算某具体时刻的实时结果，进而向下游提供数据查询服务。

10.6.2　GeoMesa Lambda DataStore 简介

GeoMesa 基于 GeoTools 的 DataStore 接口实现了 Lambda DataStore，具体实现可见 org.locationtech.geomesa.lambda.data.LambdaDataStore。Lambda DataStore 将数据保存在两个层中，即临时层（Transient Tier）和持久层（Persistent Tier），即分别对应上述的流处理层和批处理层，其中临时层由 Kafka 支持，持久层目前仅能由 Accumulo 支持。

Lambda 架构适用于短期内频繁更新数据但仍需长期存储数据的场景，若想存储正在行进中的全球定位系统（Global Positioning System，GPS）轨迹，可将单条轨迹建模为具有 LineString 几何类型属性的 SimpleFeature，然后在收到 GPS 坐标后，修改该属性值并保存更新。在传统的数据存储架构中，这可能是"昂贵"的操作，因为需要在写入之前进行同步查询，但 Lambda 通过 Kafka 的有序日志支持无须查询的更新写入。

Lambda DataStore 由一个包含最近数据更新的内存缓存和一个用于长期存储的代理数据存储区组成。为实现跨实例同步，每个写操作都会向 Kafka topic 发送一条消息，每个 DataStore 实例都使用该 topic 并将 SimpleFeature 加载至内存中进行缓存。在指定时间段内无任何更新发生的情况下，数据将会被持久化至磁盘并从内存缓存中删除。Lambda DataStore 实例使用 ZooKeeper 同步缓存状态，以确保数据仅写入一次。值得注意的是，Lambda DataStore 的查询将合并缓存和持久化两方的结果。

以下将从 GeoMesa Lambda DataStore 的安装、使用和配置这 3 个方面进行简单介绍。

1. 安装 Lambda DataStore

最简单的方法之一是从 GitHub 上直接下载最新的二进制发行版，故这里仅对二进制发行版的安装进行简单介绍。如代码清单 10-25 所示，将${TAG}替换为相应的 GeoMesa 版本，例如 3.4.0，将${VERSION}替换为相应的 Scala 版本加 GeoMesa 版本，例如 2.12-3.4.0。

代码清单 10-25　GeoMesa Lambda 的安装过程

```
# 下载并解压数据
$ wget
"https://XXX/locationtech/geomesa/releases/download/geomesa-${TAG}/geomesa-lambda_
${VERSION}-bin.tar.gz"
$ tar xvf geomesa-lambda_${VERSION}-bin.tar.gz
$ cd geomesa-lambda_${VERSION}
$ ls
bin/  conf/  dist/  docs/  examples/  lib/  LICENSE.txt  logs/
```

2. 使用 Lambda DataStore

用户可通过 GeoTools 获取 Lambda DataStore 实例，如代码清单 10-26 所示。

代码清单 10-26 GeoMesa Lambda 的使用方法

```
Map<String, String> parameters = new HashMap<>();
parameters.put("lambda.accumulo.instance.id", "myInstance");
parameters.put("lambda.accumulo.zookeepers", "zoo1,zoo2,zoo3");
parameters.put("lambda.accumulo.user", "myUser");
parameters.put("lambda.accumulo.password", "myPassword");
parameters.put("lambda.accumulo.tableName", "my_table");
parameters.put("lambda.kafka.brokers", "kafka1:9092,kafka2:9092");
parameters.put("lambda.kafka.zookeepers", "zoo1,zoo2,zoo3");
parameters.put("lambda.expiry", "10 minutes");
org.geotools.data.DataStore dataStore =
org.geotools.data.DataStoreFinder.getDataStore(parameters);
```

这里列举部分创建 Lambda DataStore 所需或可选的参数，如表 10-6 所示。

表 10-6 GeoMesa Lambda DataStore 参数

参数名称	是否必填	参数类型	参数解释
lambda.accumulo.instance.id	是	String	Accumulo 安装的实例 ID
lambda.accumulo.zookeepers	是	String	逗号分隔的 ZooKeeper 服务器列表
lambda.accumulo.catalog	是	String	GeoMesa Catalog Table 名称
lambda.accumulo.user	是	String	Accumulo 用户名
lambda.accumulo.password	否	String	Accumulo 用户密码
lambda.kafka.brokers	是	String	逗号分隔的 Kafka Broker 列表
lambda.kafka.zookeepers	是	String	逗号分隔的 Kafka ZooKeeper 列表
lambda.kafka.consumers	否	Integer	用于加载数据至内存缓存的消费者数量
lambda.expiry	是	String	数据在缓存的有效期，如 10 min
lambda.persist	否	Boolean	是否将过期数据保存至 Accumulo，否则丢弃
geomesa.query.timeout	否	String	单次查询允许执行的最长时间，如 1 min
geomesa.query.caching	否	Boolean	是否缓存查询结果

3. 配置 Lambda DataStore

这里列举部分重要的 GeoMesa Lambda DataStore 配置。

geomesa.kafka.replication 参数用于决定 Kafka topic 副本数量，默认为 1。

geomesa.lambda.persist.interval 参数用于决定检查数据是否过期并将其刷新至持久化层的频率，默认为 1 min。

geomesa.lambda.persist.lock.timeout 参数用于决定 DataStore 实例需等待多长时间以将数据刷新至持久化层，默认为 1 s。

geomesa.lambda.load.interval 参数用于决定 Kafka 获取新数据的频率，默认为 100 m。

geomesa.zookeeper.security.enabled 参数用于决定是否开启 ZooKeeper 的安全机制，默认为 false，即不开启。

其余更多配置可参考 GeoMesa 官网的 Lambda Data Store 章节。

10.7　本章小结

GeoMesa 的多种数据存储方案，大多基于 GeoTools 的 DataStore API 实现，包括 Apache HBase、Apache Accumulo、Apache Cassandra、Google Cloud BigTable、Apache Kafka、Redis、FSDS、Apache Kudu、PostGIS 和 Lambda 等。本章重点对几种常用的数据源从概述、安装、使用和配置等方面进行介绍，希望读者对其有大概的了解，详情还请参考 GeoMesa 官网。

第 **11** 章

分布式计算

GeoMesa 作为时空数据管理组件,其本身实现了一些时空数据分析算法。在时空数据场景下,数据量和运算量是非常巨大的,业界的一般做法是使用 Spark 作为分布式计算组件,通过分布式的方式执行海量数据的复杂计算任务。GeoMesa 对 Spark 和 Spark SQL 都进行了相关的扩展,本章将从以下 3 个方面来介绍 GeoMesa 结合 Spark 进行分布式计算的相关内容。

- Spark 和 Spark SQL。

- GeoMesa 接入 Spark 的方式。

- 空间数据计算函数。

11.1 Spark 和 Spark SQL

在真正介绍 GeoMesa Spark 之前,我们需要首先了解 Apache Spark(后文简称 Spark)及其相关的内容,由于 GeoMesa 中也对 Spark SQL 进行了一些扩展,因此我们本节会从 Spark 和 Spark SQL 两个方面来进行介绍。

11.1.1 Spark 概述

随着大数据时代的到来,不仅数据的体量在呈指数级增长,而且计算量和计算的复杂度也在迅速"膨胀"。相对于比较传统的单机版计算引擎,我们需要一个能够承载大数据量的系统来完成海量数据的计算;相对于传统的 MapReduce 计算框架,我们需要更多地使用内存,而不是依赖于硬盘,因此 Spark 成了分布式计算的"答案"。

Spark 是一款支持多语言的分布式计算引擎,用户可以在数据开发、数据科学计算以及机器学习方面使用它开展工作。它最初是由美国加利福尼亚大学伯克利分校 AMP 实验室(Algorithm, Machines and People Lab,AMP Lab)开发的通用内存并行计算框架,也是

Apache 基金会的顶级项目,随着多年的发展,它已经成为大数据时代的分布式计算的一面旗帜。

面向不同的业务场景,Spark 已经扩展出了不同的模块,如图 11-1 所示。其中 Spark SQL 实现了一套查询优化器,用户可以使用结构查询语言(Structure Query Language,SQL)来进行数据统计分析;Spark Streaming 用于支持流计算;MLlib 用于支持机器学习;GraphX 用于支持图计算。除了这些官方给出的扩展,Spark 也提供了很多扩展接口,让用户能够根据自己的需求对 Spark 进行扩展,这样也更加完善了自身的生态。

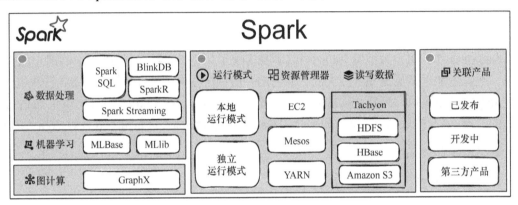

图 11-1　Spark 架构

它有三大特点。

(1)高效性。Spark 将数据利用弹性分布式数据集(Resilient Distributed Dataset,RDD)组织起来,并分发给不同的服务器,实现了将大量数据和复杂计算任务进行拆分的目的。另外,Spark 充分利用内存,相比于依赖磁盘的 MapReduce,它的性能更强,在一些情况下,性能提升可以达到 100 多倍。

(2)易用性。Spark 提供了多种交互形式,例如可以直接通过 Java、Scala 代码进行操作,也可以使用命令行的方式进行操作,还可以使用 Jupyter 这样的工具来进行操作,非常方便。

(3)通用性。由于 Spark 内核对数据结构进行了高度的抽象,因此它有多个扩展接口,可以转换成多种形式来适应不同的业务逻辑。

在 GeoMesa 中,对 Spark 内核也进行了一些扩展,不过扩展不多,后文会有详细的介绍。

11.1.2　Spark SQL 概述

Spark SQL 是 Spark 的一个重要的扩展模块,是利用关系代数和 SQL 来对数据进行操作的分布式 SQL 查询引擎。

　　Spark SQL 最早是由 Shark 项目衍生而来的，Shark 主要用于解决利用 Hive 操作 Spark 的问题，由 Reynold Xin 主导开发。Hive 是一个针对大数据场景的 SQL 查询引擎。但是由于其原生的执行引擎是 MapReduce，性能存在非常大的问题。Spark 是一种内存型的分布式计算引擎，其执行效率是非常高的，所以 Shark 开始尝试利用 Spark SQL 来替换 Hive 中的数据执行系统。

　　Spark SQL 的架构呈现典型的查询优化器的架构，如图 11-2 所示。

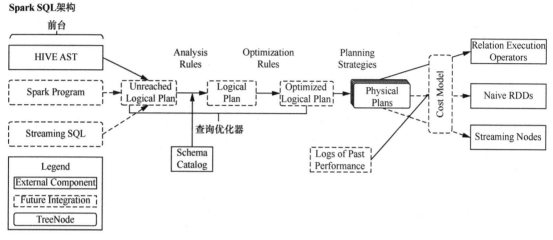

图 11-2　Spark SQL 架构

　　Spark SQL 的架构可以分为 3 个部分，包括前台（Frontend）、查询优化器（Catalyst）、后台（Backend）。

　　前台部分主要是将上层的 SQL 语句解析成抽象语法树，使字符串变成计算机更容易理解的数据结构，交给查询优化器进行进一步优化。

　　查询优化器则是 Spark SQL 中最为核心的部分之一，抽象语法树在这里会首先转化成逻辑查询计划，然后基于 Spark SQL 内部的一些元数据信息进行校验，最后，这些经过校验的逻辑查询计划会根据一些优化规则，被优化成逻辑最优的查询计划。

　　后台部分则是一些物理执行的部分，也是真正调用 Spark 核心能力的位置。经过上层查询优化器的处理，在逻辑层面上，查询计划已经达成最优，但是在物理层面上，Spark SQL 还需要结合数据的情况、服务器的情况以及 Spark 本身的一些特性来进行优化，并最终触发整个链路的执行。

　　在 GeoMesa 中，对 Spark SQL 进行了大量的扩展，使得 Spark SQL 成了一个有较为完善空间数据查询分析能力的分布式引擎。在后文中，会对这部分进行详细的介绍。

11.2　GeoMesa 接入 Spark 的方式

在了解 Spark 以及 Spark SQL 的基本概述以后，我们接下来对 GeoMesa 接入 Spark 的方式进行介绍。

11.2.1　GeoMesa Spark 整体架构

GeoMesa Spark 作为 GeoMesa 内部的一个独立模块，提供了在 Spark 上进行大规模分布式地理信息分析的能力，而且它让用户可以使用 Spark 来对 GeoMesa 原有的数据存储层进行调用和分析。

为了与 Spark 原有架构适配，GeoMesa Spark 中对 Spark 的扩展是分成不同的层次的，其整体架构如图 11-3 所示。最上层，用户可以调用 Spark SQL 来对 GeoMesa Relation 做操作，而 GeoMesa Relation 本身也是基于 Spark Relation 扩展的。在 GeoMesa Relation 内部又调用了 Spark RDD 接口，而这些 RDD 实例由 Spark RDD Provider 提供，最终将上层的查询任务转为 Query Planner，交给底层执行。

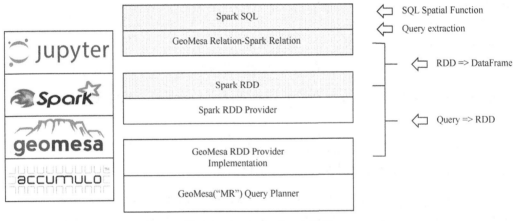

图 11-3　GeoMesa Spark 架构

GeoMesa 对 Spark 的扩展主要分成 3 个模块。

GeoMesa-spark-core 模块，主要用来对 Spark 原生的 RDD 进行扩展，是 GeoMesa 进行分布式地理信息计算的基础。

GeoMesa-spark-jts 模块，主要用来对空间数据操作进行分布式扩展，它主要结合了 Spark 和传统 GIS 的 JTS。

GeoMesa-spark-sql 模块，主要用来对 Spark SQL 的一些函数、数据类型以及优化规则进行扩展。

接下来我们就对这 3 个模块进行介绍。

11.2.2 GeoMesa 对 RDD 的扩展

RDD 是整个 Spark 的核心，它通过将数据切分成很多小的部分，分发给不同的服务器来进行计算，得到结果并汇总，最终达到利用多台服务器来处理海量数据的目的。Spark 的 RDD 也支持扩展，RDD 将它内部囊括的数据类型声明成了泛型，用户可以根据自己的需要进行实现。

GeoMesa-spark-core 模块中，也对 RDD 进行了扩展，其最核心的类就是 SpatialRDD，如代码清单 11-1 所示。

代码清单 11-1 SpatialRDD 类

```
// SpatialRDD 封装了 SimpleFeature 数据
class SpatialRDD(rdd: RDD[SimpleFeature],
                 sft: SimpleFeatureType)
                 extends RDD[SimpleFeature](rdd) with Schema {

  // 注册 GeoMesa Spark 对应的 Kryo 序列化器
  GeoMesaSparkKryoRegistrator.register(sft)

  // 获取 SimpleFeatureType 中的一些信息
  private val typeName = sft.getTypeName
  private val spec = SimpleFeatureTypes.encodeType(sft, includeUserData = true)

  @transient
  override lazy val schema: SimpleFeatureType = SimpleFeatureTypes.createType(typeName, spec)

  // 执行计算操作
  override def compute(split: Partition, context: TaskContext): Iterator[SimpleFeature] =
    firstParent.compute(split, context)

  // 获取分区信息
  override def getPartitions: Array[Partition] = firstParent.partitions
}
```

由前文所知，GIS 行业通常会将矢量数据封装为 SimpleFeature，因此 GeoMesa 中 SpatialRDD 类的核心任务就是将 GIS 的数据结构体系整合到 Spark 的 RDD 体系中。我们可以看到 SpatialRDD 将 RDD 中的泛型指定为 SimpleFeature，然后其构造方法有两个参数，其中一个参数是封装了 SimpleFeature 的 RDD，另一个参数是 SimpleFeatureType，这样保证了 RDD 内部可以知道矢量数据的内部结构。

我们也可以发现，SpatialRDD 还存在一个伴生对象，如代码清单 11-2 所示。

代码清单 11-2　SpatialRDD 伴生对象

```scala
object SpatialRDD {

  import scala.collection.JavaConverters._

  GeoMesaSparkKryoRegistratorEndpoint.init()

  def apply(rdd: RDD[SimpleFeature], schema: SimpleFeatureType) =
                new SpatialRDD(rdd, schema)

  // 将 RDD[SimpleFeature] 转化为数值序列
  implicit def toValueSeq(in: RDD[SimpleFeature] with Schema): RDD[Seq[AnyRef]] =
    in.map(_.getAttributes.asScala)

  // 将 RDD[SimpleFeature] 转化为键值序列
  implicit def toKeyValueSeq(in: RDD[SimpleFeature] with Schema): RDD[Seq[(String,
AnyRef)]] =
      in.map(_.getProperties.asScala.map(p => (p.getName.getLocalPart, p.getValue)).toSeq)

  // 将 RDD[SimpleFeature] 转化为键值映射
  implicit def toKeyValueMap(in: RDD[SimpleFeature] with Schema): RDD[Map[String,
AnyRef]] =
      in.map(_.getProperties.asScala.map(p => (p.getName.getLocalPart, p.getValue)).toMap)

  // 将 RDD[SimpleFeature] 转化为 GeoJSON 的一系列逻辑
  implicit def toGeoJSONString(in: RDD[SimpleFeature] with Schema): RDD[String] = {
    ...
  }

  implicit class SpatialRDDConversions(in: RDD[SimpleFeature] with Schema) {
    def asGeoJSONString: RDD[String] = toGeoJSONString(in)
    def asKeyValueMap: RDD[Map[String, AnyRef]] = toKeyValueMap(in)
    def asKeyValueSeq: RDD[Seq[(String, AnyRef)]] = toKeyValueSeq(in)
    def asValueSeq: RDD[Seq[AnyRef]] = toValueSeq(in)
  }
}
```

在这个伴生对象中，SpatialRDD 提供了一系列的数据转换方法，用户可以将 RDD 转化成序列、键值映射以及 GeoJSON，这些在 GIS 中都是非常常用的数据结构。除此以外，我们也可以看到 GeoMesa 在将 Spark 与空间数据对接方面实现得并不是非常完善，它只提供了一些有比较基础的数据转换能力。在时空数据场景下，GeoMesa 非常容易出现数据倾斜的问题，通常我们是需要对数据的分布进行调整的，或者配置一些有针对性的分区策略，例如四叉树、R 树等。但是 GeoMesa 并没有提供相关的方法，而仅在 GeoMesa-spark-sql 模块中，针对 Spatial Join 这种情况提供了一些分区策略，我们在使用 GeoMesa Spark 的过程中则需要充分考虑这种情况。

当然，从整个时空数据的技术栈来看，这方面做得比较好的是 Apache Sedona（原名为 GeoSpark，后文简称 Sedona），这是一个仍在孵化的 Apache 项目，同样基于 Spark 的空间数据扩展，Sedona 架构如图 11-4 所示。它在时空分区方面进行了非常细致的实现，针对不同的空间数据类型，它分别实现了对应的 RDD，但是它的短板则在时空索引方面。因此，用户在搭建时空数据应用的架构时，可以对这两个组件综合使用，以解决不同的实际问题。

从架构上来看，Sedona 分为 3 层，包括函数（Function）、数据处理（Data）、接口（API），除此之外，它还提供了 SQL 和 Python 两种使用方式。

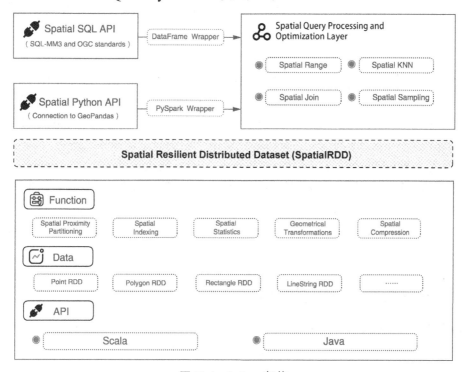

图 11-4 Sedona 架构

除了对 RDD 的扩展，GeoMesa 也对自身原有的数据源进行了扩展，用户可以利用 GeoMesa Spark 直接调用 GeoMesa 底层的数据，相关的逻辑在 GeoMesaSpark 类中，如代码清单 11-3 所示。

代码清单 11-3 GeoMesaSpark 类

```scala
object GeoMesaSpark {

  import scala.collection.JavaConversions._

  // 通过 SPI 获取对应的 RDDProvider
  lazy val providers: ServiceLoader[SpatialRDDProvider] =
```

```
                        ServiceLoader.load(classOf[SpatialRDDProvider])

    // 构造对应的 SpatialRDDProvider
    def apply(params: java.util.Map[String,_ <: java.io.Serializable]): SpatialRDDProvider =
      providers.find(_.canProcess(params))
            .getOrElse(throw new RuntimeException("Could not find a SpatialRDDProvider"))
  }
```

在这里我们可以看到 GeoMesaSpark 有一个 providers 参数以及一个 apply 方法，其中 providers 的作用是通过 SPI 反射构造出所有的 SpatialRDDProvider 实例，我们可以看到 GeoMesa 将这个参数设置成了 lazy 模式，也就是说这个 provider 变量只有在被调用的时候才会加载。

apply 方法的作用是构造一个 SpatialRDDProvider，例如我们如果底层使用 HBase 存储数据，那么调用该方法返回的就是 HBaseSpatialRDDProvider，这个方法需要提供的参数与单机版的 GeoMesa 类似，同样是一个 Map。不过这里有两点需要注意，此处的 Map 仍然是 Java 的 Map，而不是 Scala 的 Map，而且这个 Map 的值的类型是 Serializable，而不是普通的 String。另外，我们在使用该方法的过程当中，有可能会出现抛出 "Could not find a SpatialRDDProvider" 的错误，如果是调试时出现，一般是因为依赖冲突或者缺少 DataStore 依赖，这个时候需要排查 META-INFO/services 目录下是否存在对应的类路径；如果是程序运行过程中，突然出现这个问题，就需要排查底层数据源是否能够连通，或者 Context 内部是否出现了一些问题导致 Context 对象与底层数据源断连了。

11.2.3 GeoMesa 对 JTS 的扩展

Java 拓扑关系包（JTS）是一个开源的 Java 库，它提供了针对空间数据的模型封装和基本的地理数据分析函数。在 GIS 行业，JTS 已经成为业界比较通用的空间数据处理和管理工具。

JTS 包含很多方面的内容，其核心模块包如表 11-1 所示。

表 11-1　GeoMesa-jts 包

包名	描述
algorithm	算法模块，其中包含很多针对空间数据的算法，例如计算角度、计算面积、计算距离等
geom	定义了 OGC 规范中的空间数据类型
geomgraph	实现了对空间信息图的封装
index	索引模块，其中包含希尔伯特曲线、二叉树、四叉树、K-D 树等索引工具
io	与输入、输出相关的工具

包名	描述
operation	空间数据操作，例如计算缓冲区、线的合并等操作
simplify	空间数据简化操作，例如针对线数据的道格拉斯-普克算法
util	工具类

原生的 Spark 并没有针对空间数据进行对应的支持，GeoMesa 在这方面引入了 JTS 来实现 Spark 对空间数据的支持。但是我们可以看到，这种支持还是比较有限的。首先 GeoMesa 对 JTS 的支持分成了两个部分，一部分主要是对空间数据类型的注册，另一部分是对空间操作函数的注册。

对空间数据类型的注册主要是使用 Spark 的接口，其操作主要在 jts 类对象中，如代码清单 11-4 所示。我们进入 JTSTypes 源码中就能够看到 GeoMesa 对空间数据类型的具体声明逻辑，这里主要是对前面所述 JTS 的 geom 模块进行扩展。

代码清单 11-4　jts 包对象

```
package object jts {

  def registerTypes(): Unit = registration

  /**
   * 将 JTS 中的数据类型注册到 Spark 中
   */
  private[jts] lazy val registration: Unit = JTSTypes.typeMap.foreach {
    case (l, r) => UDTRegistration.register(l.getCanonicalName, r.getCanonicalName)
  }
}
```

对空间操作函数的注册则是通过注册用户自定义函数（User-Defined Function，UDF）和用户自定义聚合函数（User-Defined Aggregate Function，UDAF）来实现的，这两种自定义函数 Spark 都提供了对应的注册和扩展方式。

我们以 st_geomFromWKT 和 st_convexhull 来对这两种注册方式进行说明。

st_geomFromWKT 函数的功能是将一个字符串转换成空间数据，是一对一的转换，因此在 Spark 内部属于 UDF 的范畴。GeoMesa 在对这个函数进行注册时，首先对它进行了写明，如代码清单 11-5 所示。

代码清单 11-5　st_geomFromWKT 函数定义

```
val ST_GeomFromWKT: String => Geometry = nullableUDF(text => WKTUtils.read(text))
```

在这里，我们可以看到 Scala 使用的核心逻辑就是使用 GeoMesa Util 包中的转换函数，nullableUDF 是 GeoMesa 为了让 Spark SQL 支持空间数据类型的函数转换而扩展的。在进行了如上的定义以后，将这个函数注册到 Spark 中，如代码清单 11-6 所示。

代码清单 11-6　st_geomFromWKT 函数注册

```
sqlContext.udf.register(constructorNames(ST_GeomFromWKT), ST_GeomFromWKT)
```

需要注意的是，GeoMesa 官方是将函数直接注册到 SqlContext 对象中的，Spark 也提供了直接利用 SparkSession 来进行函数注册的方式，但是由于版本问题，后者我们一直没有尝试成功。

st_convexhull 函数的功能是计算空间数据集的凸包。凸包（Convex Hull）是图形学中的概念，如图 11-5 所示，它的功能就是提供一个最小的能够包含空间数据集中所有要素的凸多边形。从数据的输入输出角度来看，它属于多对一的统计分析操作，在 Spark SQL 中，需要通过 UDAF 的方式来实现注册。

在 GeoMesa 中，实现相关的逻辑需要继承 UserDefinedAggregationFunction 抽象类，如代码清单 11-7 所示。

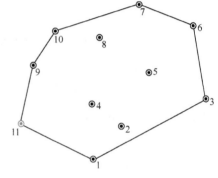

图 11-5　凸包示意

代码清单 11-7　ConvexHull 类

```
// 计算凸包的逻辑关系
class ConvexHull extends UserDefinedAggregateFunction {
  import org.apache.spark.sql.types.{DataTypes => DT}
  // 输出的数据结构
  override val inputSchema =
    DT.createStructType(
        Array(DT.createStructField("inputGeom", JTSTypes.GeometryTypeInstance, true)))
  override val bufferSchema =
    DT.createStructType(
        Array(DT.createStructField("convexHull", JTSTypes.GeometryTypeInstance, true)))
  override val dataType =
    DT.createStructType(
        Array(DT.createStructField("convexHull", JTSTypes.GeometryTypeInstance, true)))
  override val deterministic = true

  // 初始化
  override def initialize(buffer: MutableAggregationBuffer): Unit = {
    buffer.update(0, null)
  }
```

```
// 更新数据
override def update(buffer: MutableAggregationBuffer, input: Row): Unit = {
  val start = buffer.get(0)
  val geom = input.get(0).asInstanceOf[Geometry]
  if (start == null) {
    buffer.update(0, geom)
  } else {
    val ch = start.asInstanceOf[Geometry].union(geom).convexHull()
    buffer.update(0, ch)
  }
}


// 合并数据
override def merge(buffer1: MutableAggregationBuffer, buffer2: Row): Unit = {
  val ch =
    (buffer1.isNullAt(0), buffer2.isNullAt(0)) match {
      case (true, true)    =>
          Option.empty[Geometry]
      case (false, false)  =>
          Some(buffer1
              .getAs[Geometry](0).union(buffer2.getAs[Geometry](0)).convexHull())
      case (false, true)   =>
          Some(buffer1.getAs[Geometry](0).convexHull())
      case (true, false)   =>
          Some(buffer2.getAs[Geometry](0).convexHull())
    }
  ch.foreach { g => buffer1.update(0, g) }
}


// 获取结果
override def evaluate(buffer: Row): Any = buffer
}
```

代码主要分成 5 个部分，对输出数据结构的定义、初始化、更新数据、合并数据以及获取最终结果。在完成这些定义过程以后，我们就需要将聚合方法逻辑注册到 Spark SQL 当中。当然这一步与注册 UDF 的过程类似，也是直接使用 SqlContext 来进行注册的，如代码清单 11-8 所示。

代码清单 11-8 注册 st_convexhull 函数

```
private[geomesa] val ch = new ConvexHull

sqlContext.udf.register("st_convexhull", ch)
```

至此，GeoMesa 在 Spark 中对 JTS 的扩展就介绍完了。当然我们也可以发现 GeoMesa-spark-jts 对 JTS 的支持非常有限，其中只涉及基本的空间数据类型和简单的空间计算逻辑的结合。JTS 中还有大量的工具以及一些复杂的空间数据结构可以集成到 Spark 中，GeoMesa 相当于提供了很好的模板，感兴趣的读者可以结合自身的业务需求来对 Spark 进行扩展。

11.2.4 GeoMesa 对 Spark SQL 空间能力的扩展

从前文我们知道了 Spark SQL 本质上是一款查询优化器，因为它最核心的是内部的查询优化逻辑。GeoMesa 对 Spark SQL 的空间能力扩展也是围绕着查询优化逻辑展开的，其中包含对 Spark SQL 内部查询优化逻辑的改造以及对 GeoMesa 数据源的封装。本小节将从这两部分来进行介绍。

1. GeoMesa 对 Spark SQL 内部查询优化逻辑的改造

这一部分需要解决的核心问题仍然是如何让 Spark SQL 支持空间数据类型。这里面涉及3 个层次的改造：对 Spark SQL 语法表达式的改造、对 Spark SQL 的逻辑查询计划的改造，以及对连接操作的改造。

由于 Spark SQL 的语法表达式中只支持了基本数据类型，对空间数据类型没有支持，因此，在 GeometryLiteral 类中，GeoMesa 对 Spark SQL 的表达式叶子节点进行了扩展，如代码清单 11-9 所示。通过继承 LeafExpression 类，GeometryLiteral 实现了与 Spark SQL 的兼容。我们可以看到 GeometryLiteral 类最核心的是 dataType 方法，它直接将数据类型与空间数据类型进行了绑定。

代码清单 11-9　GeometryLiteral 类

```
case class GeometryLiteral(repr: InternalRow,
                           geom: Geometry)
                           extends LeafExpression with CodegenFallback {

  override def foldable: Boolean = true

  override def nullable: Boolean = true

  override def eval(input: InternalRow): Any = repr

  override def dataType: DataType = GeometryTypeInstance
}
```

对语法表达式的改造仅仅是第一步，接下来就需要将扩展后的 GeometryLiteral 类注册到 Spark SQL 类中。Spark SQL 提供了 Rule 接口，可以直接对 LogicalPlan 进行修改。GeoMesa 也是这样做的，如代码清单 11-10 所示。我们可以看到，GeoMesa 在遍历表达式时，当它发现内部满足了 GeometryLiteral 的构造条件，就会将当前的对象转换成 GeometryLiteral 对象，这样就完成了基本的表达式逻辑的注册。

代码清单 11-10　UDF 替换规则

```
object ScalaUDFRule extends Rule[LogicalPlan] {
  override def apply(plan: LogicalPlan): LogicalPlan = {
    plan.transform {
      case q: LogicalPlan => q.transformExpressionsDown {
        case s: ScalaUDF =>
          Try {
            s.eval(null) match {
              case row: InternalRow =>
                val ret = GeometryUDT.deserialize(row)
                GeometryLiteral(row, ret)
              case other: Any =>
                Literal(other)
            }
          }.getOrElse(s)
      }
    }
  }
}
```

当然，对表达式逻辑的注册还是比较简单的，对于一些比较复杂的，例如对多个 Relation 进行连接操作，会涉及规则的修改，其实现在 SpatialOptimizationsRule 中，如代码清单 11-11 所示。其中 GeoMesa 定义了一个私有方法，用来处理连接操作。

代码清单 11-11　连接操作转换逻辑

```
private def alterJoin(join: Join): LogicalPlan = {
  val isSpatialUDF = join.condition.exists {
    case u: ScalaUDF
      if u.function.isInstanceOf[(Geometry, Geometry) => java.lang.Boolean] =>
      u.children.head.isInstanceOf[AttributeReference]
        && u.children(1).isInstanceOf[AttributeReference]
    case _ => false
  }

  (join.left, join.right) match {
    // 两边都是数据集的情况
    case (left: LogicalRelation, right: LogicalRelation) if isSpatialUDF =>
      (left.relation, right.relation) match {
        case (leftRel: GeoMesaRelation, rightRel: GeoMesaRelation) =>
          leftRel.join(rightRel, join.condition.get) match {
            case None => join
            case Some(joinRelation) =>
              val newLogicalRelLeft =
              SparkVersions
                .copy(left)(output = left.output ++ right.output, relation = joinRelation)
```

```
                 SparkVersions.copy(join)(left = newLogicalRelLeft)
         }
      case _ => join
   }

// 两边都是数据投影算子的情况
case (leftProject @ Project(leftProjectList, left: LogicalRelation),
  rightProject @ Project(rightProjectList, right: LogicalRelation)) if isSpatialUDF =>
  (left.relation, right.relation) match {
    case (leftRel: GeoMesaRelation, rightRel: GeoMesaRelation) =>
      leftRel.join(rightRel, join.condition.get) match {
        case None => join
        case Some(joinRelation) =>
          val newLogicalRelLeft =
            SparkVersions
              .copy(left)(output = left.output ++ right.output, relation =
joinRelation)
          val newProjectLeft =
            leftProject
              .copy(projectList = leftProjectList ++ rightProjectList,
                  child = newLogicalRelLeft)
          SparkVersions.copy(join)(left = newProjectLeft)
      }
    case _ => join
  }
  case _ => join
}
}
```

从代码中，我们可以看出，GeoMesa 主要处理了两种情况，一种是操作符两边都是 GeoMesa 数据集（GeoMesaRelation）的情况，另外一种是两边都是数据投影算子（Project）的情况，不过这两个投影算子的底层仍然要封装 GeoMesaRelation 对象。当遇到这两种情况时，GeoMesa-spark-sql 就会对它们的逻辑查询计划进行改写，改写是通过与 SparkVersions 相关的接口来实现的，这个类同样也是 GeoMesa 提供的，用来解决 Spark 不同版本之间的兼容性问题，读者在自行进行扩展的时候需要注意。

2. 对 GeoMesa 数据源的封装

在 2.3 以前版本的 GeoMesa 中，优化逻辑都是整合在 GeoMesaSparkSQL 类中实现的，但是在 2.4 以后的版本中，这些逻辑被拆分到多个文件中，GeoMesaSparkSQL 类中只剩下 "geomesa.feature" 参数的声明，不过整体扩展流程没有很大的改变，如图 11-6 所示。

基于 Spark SQL 的数据源注册机制，GeoMesa 将自己已有的基本功能注册进了 Spark SQL 的 Session 中。整体扩展流程可以分为 5 个部分：createRelation 方法、GeoMesaRelation 类、buildScan 方法、getExtractors 方法以及 sparkFilterToCQLFilter 方法。

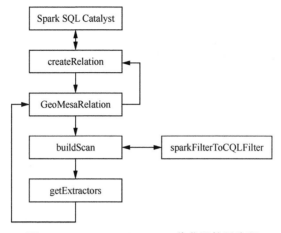

图 11-6　GeoMesa Spark SQL 优化器扩展流程

createRelation 方法位于 GeoMesaDataSource 类，它的作用是构造一个 GeoMesaRelation 作为 Spark SQL 对接 GeoMesa 底层数据能力的入口。在 GeoMesaDataSource 类里面，有 3 个 createRelation 重载方法，如代码清单 11-12 所示。

代码清单 11-12　创建 Relation 对象

```
// 不指定数据结构的构造方式
override def createRelation(sqlContext: SQLContext,
                            parameters: Map[String, String]): BaseRelation = {
  SQLTypes.init(sqlContext)
  GeoMesaRelation(sqlContext, parameters)
}

// 指定数据结构的构造方式
override def createRelation(
    sqlContext: SQLContext,
    parameters: Map[String, String],
    schema: StructType): BaseRelation = {
  GeoMesaRelation(sqlContext, parameters, schema)
}

// 基于已有的 DataFrame 来构造 Relation 对象
override def createRelation(
    sqlContext: SQLContext,
    mode: SaveMode,
    parameters: Map[String, String],
    data: DataFrame): BaseRelation = {

  val newFeatureName = parameters(GEOMESA_SQL_FEATURE)
  val sft = SparkUtils.createFeatureType(newFeatureName, data.schema)

    // 创建 Schema
  WithStore[DataStore](parameters) { ds =>
```

```
    if (ds.getTypeNames.contains(newFeatureName)) {
      val existing = ds.getSchema(newFeatureName)
      if (!compatible(existing, sft)) {
        throw new IllegalStateException(
          "The dataframe is not compatible with the existing schema in the datastore:"
+
              s"\n  Dataframe schema: ${SimpleFeatureTypes.encodeType(sft)}" +
              s"\n  Datastore schema: ${SimpleFeatureTypes.encodeType(existing)}")
      }
    } else {
      sft.getUserData.put("override.reserved.words", java.lang.Boolean.TRUE)
      ds.createSchema(sft)
    }
  }

  val structType = if (data.queryExecution == null) {
    SparkUtils.createStructType(sft) } else { data.schema }

    // 存储 SimpleFeature 数据集
    val rddToSave: RDD[SimpleFeature] = data.rdd.mapPartitions { partition =>
    val sft = WithStore[DataStore](parameters)(_.getSchema(newFeatureName))
    val mappings = SparkUtils.rowsToFeatures(sft, structType)
    partition.map { row =>
      val sf = mappings.apply(row)
      sf.getUserData.put(Hints.USE_PROVIDED_FID, java.lang.Boolean.TRUE)
      sf
    }
  }

  GeoMesaSpark(parameters.asJava).save(rddToSave, parameters, newFeatureName)

    // 构造 GeoMesaRelation 对象
    GeoMesaRelation(sqlContext, parameters, data.schema, sft)
  }
```

　　我们可以看到有 3 种构造 Relation 的方式，比较简单的是前两种，是完全依赖于 GeoMesa 底层存储的构造方式，第三种比较复杂一些，因为参数列表中添加了一个 DataFrame，所以内部的操作可以分为 3 步，第一步是根据现有的 DataFrame 在 GeoMesa 底层创建对应的 Schema，第二步是利用 GeoMesaSpark 的 save 方法，将数据存储到 GeoMesa 的底层数据源中，第三步才是构造 GeoMesaRelation 对象。

　　第二步同样包含两部分，一部分是构造过程，也就是通过 apply 方法获取 GeoMesaRelation 实例的过程，另一部分是调用 buildScan 的过程，也就是真正与 GeoMesa 底层交互并触发执行的位置。

　　在 GeoMesaRelation 的构造过程中，我们可以看到一个包含 SimpleFeatureType 参数的

apply 重载方法，其逻辑是相当复杂的，如代码清单 11-13 所示。

代码清单 11-13　apply 方法

```scala
def apply(
    sqlContext: SQLContext,
    params: Map[String, String],
    schema: StructType,
    sft: SimpleFeatureType): GeoMesaRelation = {

  logger.trace(s"Creating GeoMesaRelation with sft: $sft")

  // 参数的获取方法
  def get[T](key: String, transform: String => T, default: => T): T = {
    params.get(key) match {
      case None => default
      case Some(v) =>
        try { transform(v) } catch {
          case NonFatal(e) =>
            logger.error(s"Error evaluating param '$key' with value '$v':", e); default
        }
    }
  }

  // 获取 GeoMesa 底层全量数据的方法
  def rawRDD: SpatialRDD = {
    val query =
      new Query(sft.getTypeName, ECQL.toFilter(params.getOrElse("query", "INCLUDE")))
GeoMesaSpark(params.asJava)
.rdd(new Configuration(), sqlContext.sparkContext, params, query)
  }

  // 分区相关的逻辑
  val partitioned = if (!get[Boolean]("spatial", _.toBoolean, false)) { None } else {
    val raw = rawRDD
    val bounds: Envelope = params.get("bounds") match {
      case None => RelationUtils.getBound(raw)
      case Some(b) =>
        try { WKTUtils.read(b).getEnvelopeInternal } catch {
          case NonFatal(e) =>
            throw new IllegalArgumentException(s"Error reading provided bounds '$b':", e)
        }
    }

    // 配置分区策略、并行度、采样率以及阈值
    val partitions = Option(get[Int]("partitions", _.toInt, -1)).filter(_ > 0)
    val parallelism = partitions.getOrElse(sqlContext.sparkContext.defaultParallelism)
    // 控制空间数据的分区策略需要对数据集进行采样
    lazy val sampleSize = get[Int]("sampleSize", _.toInt, 100)
    lazy val threshold = get[Double]("threshold", _.toDouble, 0.3)
```

```scala
    // 选择分区策略
  val envelopes =
  params.getOrElse("strategy", "equal").toLowerCase(Locale.US) match {
    case "equal"    =>
      RelationUtils.equalPartitioning(bounds, parallelism)
    case "earth"    =>
      RelationUtils.wholeEarthPartitioning(parallelism)
    case "weighted" =>
      RelationUtils.weightedPartitioning(raw, bounds, parallelism, sampleSize)
    case "rtree"    =>
      RelationUtils.rtreePartitioning(raw, parallelism, sampleSize, threshold)
    case s =>
      throw new IllegalArgumentException(s"Invalid partitioning strategy: $s")
  }

  val rdd = RelationUtils.grid(raw, envelopes, parallelism)
  rdd.persist(StorageLevel.MEMORY_ONLY)
  Some(PartitionedRDD(rdd, raw, envelopes, partitions,
          get[Boolean]("cover", _.toBoolean, false)))
}

  // 缓存相关的逻辑
    ...

  // 构造 GeoMesaRelation 对象
  GeoMesaRelation(sqlContext, sft, schema, params, None, cached, partitioned)
}
```

这个 apply 方法包含配置分区策略等参数的逻辑、缓存的逻辑以及构造 GeoMesaRelation 对象的逻辑。其中需要重点说明的是配置分区策略的逻辑。在 GeoMesa-spark-core 模块中，对于时空数据的分区策略并没有很多的解决方案，这是因为 GeoMesa 将这一部分逻辑放在了 GeoMesa-spark-sql 模块中来实现。我们可以看到 GeoMesa 对 RDD 的数据分区有 4 种分区策略，如表 11-2 所示。

表 11-2　GeoMesa 对 RDD 的分区策略

分区策略	描述
EQUAL	直接将数据划分成 $N \times N$ 的网格来进行划分
WEIGHTED	通过网格划分的方式来进行数据分区，但确保每个轴上的数据在每个网格单元中的比例相等
EARTH	通过网格划分的方式来进行数据分区，不过划分的基础不是当前数据集本身，而是整个地球空间
RTREE	基于 R 树来进行数据的分区

提供这些分区策略的作用就是提升海量时空数据集之间进行 Spatial Join 操作时的效率。

buildScan 是一个比较重要的方法，它的作用就是将上层传递下来的投影信息以及过滤条件真正转化成为 GeoMesa 可以识别的信息，如代码清单 11-14 所示。

代码清单 11-14　buildScan 方法

```
override def buildScan(
    requiredColumns: Array[String],
    filters: Array[org.apache.spark.sql.sources.Filter]): RDD[Row] = {
  lazy val debug =
    s"filt = $filter, filters = ${filters.mkString(",")}, " +
    s"requiredColumns = ${requiredColumns.mkString(",")}"

    // 将上层传下来的 Spark SQL 的 Filter 对象转换成为 ECQL 的 Filter 对象
  val filt = {
    val sum = Seq.newBuilder[org.opengis.filter.Filter]
    filter.foreach(sum += _)
    filters.foreach(f =>
      SparkUtils.sparkFilterToCQLFilter(f).foreach(sum += _))
    FilterHelper.filterListAsAnd(sum.result)
      .getOrElse(org.opengis.filter.Filter.INCLUDE)
  }
  val requiredAttributes = requiredColumns.filterNot(_ == "__fid__")

  val schema = this.schema
  val typeName = sft.getTypeName

    // 获取数据集
  val result: RDD[SimpleFeature] = cached match {
    case None =>
      logger.debug(s"Building scan, $debug")
      val conf =
        new Configuration(sqlContext.sparkContext.hadoopConfiguration)
      val query =
        new Query(typeName, filt, requiredAttributes)
      GeoMesaSpark(params.asJava)
        .rdd(conf, sqlContext.sparkContext, params, query)

    case Some(IndexedRDD(rdd)) =>
      logger.debug(s"Building in-memory scan, $debug")
      val cql = ECQL.toCQL(filt)
      rdd.flatMap { engine =>
        val query =
          new Query(typeName, ECQL.toFilter(cql), requiredAttributes)
        SelfClosingIterator(engine.getFeatureReader(query, Transaction.AUTO_COMMIT))
      }

    case Some(PartitionedIndexedRDD(rdd, _)) =>
      logger.debug(s"Building partitioned in-memory scan, $debug")
```

```
        val cql = ECQL.toCQL(filt)
        rdd.flatMap { case (_, engine) =>
          val query =
              new Query(typeName, ECQL.toFilter(cql), requiredAttributes)
          SelfClosingIterator(engine.getFeatureReader(query, Transaction.AUTO_COMMIT))
        }
    }

    // 对结果数据集进行列裁剪
    val extractors = SparkUtils.getExtractors(requiredColumns, schema)

    result.map(SparkUtils.sf2row(schema, _, extractors))
}
```

buildScan 方法所做的操作可以分为 3 步。第一步是将上层传下来的 Spark SQL 的 Filter 对象转换成 GeoMesa 能够识别的 ECQL 的 Filter 对象。第二步是获取数据集，这里 GeoMesa 做了模式匹配，如果数据集没有缓存，那么会调用 GeoMesaSpark 的接口来进行重新查询；如果有缓存，那么它就会直接从缓存当中获取数据。第三步就是对数据集进行列裁剪，根据用户的需求，选出对应的列。

除了上述的几个类和方法，还有两个方法是需要注意的，一个是 getExtractors 方法，另一个是 sparkFilterToCQLFilter 方法。

getExtractors 方法的作用主要是进行列裁剪，也就是提取一些用户需要的列，如代码清单 11-15 所示。不过我们可以在代码中发现一些需要注意的细节。在这个函数内部，我们可以看到 GeoMesa 对时间数据类型进行了大量的转换逻辑，有两方面的原因。第一，GeoMesa 底层是不区分 Date 类型和 Timestamp 类型的，换句话说，时间数据都是利用 Timestamp 类型进行封装的。第二，GeoMesa 获取到的时间数据都是利用 java.util.Timestamp 来进行封装的，但是在 Spark SQL 中，使用的是 java.sql.Timestamp 类型封装时间数据，因此需要根据数据类型进行一次转换，同样也需要根据数据本身进行 Timestamp 类型的切换。

代码清单 11-15　getExtractors 方法

```
def getExtractors(requiredColumns: Array[String],
                  schema: StructType): Array[SimpleFeature => AnyRef] = {
  val requiredAttributes = requiredColumns.filterNot(_ == "__fid__")

  type EXTRACTOR = SimpleFeature => AnyRef
  val IdExtractor: SimpleFeature => AnyRef = sf => sf.getID

  // 将 requiredColumns 转换为我们需要的转换函数
  requiredColumns.map {
    case "__fid__" => IdExtractor
    case col       =>
      val index = requiredAttributes.indexOf(col)
```

```scala
    val schemaIndex = schema.fieldIndex(col)
    val fieldType = schema.fields(schemaIndex).dataType
    fieldType match {
      case _: TimestampType =>
        sf: SimpleFeature => {
          val attr = sf.getAttribute(index)
          if (attr == null) { null } else {
            new Timestamp(attr.asInstanceOf[Date].getTime)
          }
        }

      case arrayType: ArrayType =>
        val elementType = arrayType.elementType
        sf: SimpleFeature => {
          val attr = sf.getAttribute(index)
          if (attr == null) { null } else {
            val array = attr.asInstanceOf[java.util.List[_]].asScala.toList
            if (elementType != TimestampType) { array } else {
              array.map(d => new Timestamp(d.asInstanceOf[Date].getTime))
            }
          }
        }

      case mapType: MapType =>
        val keyType = mapType.keyType
        val valueType = mapType.valueType
        sf: SimpleFeature => {
          val attr = sf.getAttribute(index)
          if (attr == null) { null } else {
            val map = attr.asInstanceOf[java.util.Map[_, _]].asScala.toMap
            if (keyType != TimestampType && valueType != TimestampType) { map } else {
              map.map {
                case (key, value) =>
                  val newKey = if (keyType == TimestampType) {
                    new Timestamp(key.asInstanceOf[Date].getTime)
                  } else key
                  val newValue = if (valueType == TimestampType) {
                    new Timestamp(value.asInstanceOf[Date].getTime)
                  } else value
                  (newKey, newValue)
              }
            }
          }
        }

      case _ => sf: SimpleFeature => sf.getAttribute(index)
    }
  }
}
```

最后比较重要的就是 sparkFilterToCQLFilter 方法，它的作用是将 Spark SQL 中的 Filter 对象转化为 CQL 中的 Filter 对象，具体实现在 SparkUtils 中，如代码清单 11-16 所示。这部分就是简单的模式匹配，根据不同的 Spark SQL Filter 算子类型将 Filter 转化成对应的 CQL Filter 算子，不过需要注意的是，因为 GeoMesa 底层数据中会有一列 "--fid--"，它的作用类似于主键，因此在处理过程中，GeoMesa 对它进行等值比对时，是和 FeatureID 进行比对的。

代码清单 11-16 将 Spark 的 Filter 对象转换成 CQL 的 Filter 对象

```
def sparkFilterToCQLFilter(filt: org.apache.spark.sql.sources.Filter):
        Option[org.opengis.filter.Filter] = filt match {
  case GreaterThanOrEqual(attribute, v) =>
    Some(ff.greaterOrEqual(ff.property(attribute), ff.literal(v)))
  case GreaterThan(attr, v)              =>
    Some(ff.greater(ff.property(attr), ff.literal(v)))
  case LessThanOrEqual(attr, v)          =>
    Some(ff.lessOrEqual(ff.property(attr), ff.literal(v)))
  case LessThan(attr, v)                 =>
    Some(ff.less(ff.property(attr), ff.literal(v)))
  case EqualTo(attr, v) if attr == "__fid__" =>
    Some(ff.id(ff.featureId(v.toString)))
  case EqualTo(attr, v)                  =>
    Some(ff.equals(ff.property(attr), ff.literal(v)))
  case In(attr, values) if attr == "__fid__" =>
    Some(ff.id(values.map(v => ff.featureId(v.toString)).toSet.asJava))
  case In(attr, values)                  =>
    Some(values.map(v => ff.equals(ff.property(attr), ff.literal(v)))
          .reduce[org.opengis.filter.Filter]( (l,r) => ff.or(l,r)))
  case And(left, right)                  =>
    Some(ff.and(sparkFilterToCQLFilter(left).get, sparkFilterToCQLFilter(right).get))
  case Or(left, right)                   =>
    Some(ff.or(sparkFilterToCQLFilter(left).get, sparkFilterToCQLFilter(right).get))
  case Not(f)                            =>
    Some(ff.not(sparkFilterToCQLFilter(f).get))
  case StringStartsWith(a, v)            =>
    Some(ff.like(ff.property(a), s"$v%"))
  case StringEndsWith(a, v)              =>
    Some(ff.like(ff.property(a), s"%$v"))
  case StringContains(a, v)              =>
    Some(ff.like(ff.property(a), s"%$v%"))
  case IsNull(attr)                  => None
  case IsNotNull(attr)               => None
}
```

以上就是 GeoMesa 对 Spark SQL 进行扩展的全流程，我们在阅读这部分源码的时候，其实可以学习很多关于 Spark SQL 扩展接口的知识，在具体的工作当中，我们也可以根据自身的业务需求，对这些接口进行自定义。

11.3　空间数据计算函数

空间数据计算函数在 GeoMesa Spark SQL 中是非常重要的一部分，它利用 Spark SQL 的 UDF 方式封装了一些空间数据计算操作。对于用户来说，这些空间数据计算函数就可以直接利用 SQL 语句来进行操作，非常方便。本节主要是对这些空间数据计算函数进行罗列，简单介绍其功能。

11.3.1　空间数据构建函数

空间数据构建函数的作用是实现空间数据的构建，即利用一些基本数据类型来构建空间数据，例如经纬度数据、字符串、GeoHash 等。具体的空间数据构建函数如表 11-3 所示。

表 11-3　空间数据构建函数

函数名称	别名	描述
st_geomFromGeoHash	st_box2DFromGeoHash	将 GeoHash 转换成 Polygon 对象
st_geomFromGeoJSON	—	将 GeoJSON 转换成空间数据对象
st_geomFromWKT	st_geomFromText、st_geometryFromText	将 WKT 转换成空间数据
st_geomFromWKB	—	将 WKB 转换成空间数据
st_lineFromText	—	将文本转换成 LineString 对象
st_mLineFromText	—	将文本转换成 MultiLineString 对象
st_mPointFromText	—	将文本转换成 MultiPoint 对象
st_mPolyFromText	—	将文本转换成 MultiPolygon 对象
st_makeBBOX	—	构造矩形对象
st_makeBox2D	—	基于对角线端点构造矩形对象
st_makeLine	—	基于点序列构造 LineString 对象
st_makePoint	—	基于经纬度构造点对象
st_makePointM	st_point	构造多维点对象
st_makePolygon	—	根据闭合 LineString 构造 Polygon 对象
st_pointFromGeoHash	st_polygon	获取 GeoHash 代表的区域中心点对象
st_pointFromText	—	将文本转换为 Point 对象
st_pointFromWKB	—	将 WKB 字节数组转换为 Point 对象
st_polygonFromText	—	将文本转换为 Polygon 对象

11.3.2　空间数据信息抽取函数

空间数据往往有一些属性信息，例如边界、维度等，在实际使用过程中，经常需要从这些空间数据中提取出信息，以获得简单统计分析结果。空间数据信息抽取函数就用于解决这个问题，具体函数如表 11-4 所示。

表 11-4　空间数据信息抽取函数

函数名称	描述
st_boundary	获取空间数据的边界
st_coordDim	获取空间数据内部的坐标序列个数
st_dimension	获取空间数据的维度
st_envelope	获取空间数据的最小外接矩形
st_exteriorRing	获取空间数据的外部环（对应的空间数据必须是 Polygon）
st_interiorRingN	获取空间数据的内部环
st_isClosed	判断空间数据是否闭合
st_isCollection	判断空间数据是否是一个集合
st_isEmpty	判断空间数据是否为空
st_isRing	判断空间数据是否成环
st_isSimple	判断空间数据是否为简单空间数据
st_X	抽取空间数据的横坐标（对应的空间数据必须是 Point）
st_y	抽取空间数据的纵坐标（对应的空间数据必须是 Point）

11.3.3　空间数据转换函数

由于空间数据的设计思想是面向对象的，因此也具有封装、继承和多态这三大特征。在进行向下造型时，就需要对一些空间数据进行类型的强转。空间数据转换函数就用于解决这个问题，如表 11-5 所示。

表 11-5　空间数据转换函数

函数名称	描述
st_castToLineString	将 Geometry 对象转换成 LineString 对象
st_castToPoint	将 Geometry 对象转换成 Point 对象
st_castToPolygon	将 Geometry 对象转换成 Polygon 对象
st_castToGeometry	将 Geometry 子类对象转换成 Geometry 对象

11.3.4 空间数据输出函数

空间数据有不同的输出格式，在业界一般会使用 WKT、WKB、GeoJSON 来表示空间数据。空间数据输出函数的作用就是将空间数据类型转换成上述各种输出格式的，便于用户调用，具体函数如表 11-6 所示。

表 11-6 空间数据输出函数

函数名称	描述
st_asBinary	将 Geometry 对象输出为 WKB 格式
st_asGeoJSON	将 Geometry 对象输出为 GeoJSON 格式
st_asLatLonText	将 Geometry 对象输出为经纬度组合的字符串格式
st_asText	将 Geometry 对象输出为 WKT 格式
st_geoHash	将 Geometry 对象输出为 GeoHash 格式

11.3.5 空间数据关系函数

空间数据往往是有空间位置关系的，这些空间位置关系信息是用户使用最多的方面之一，空间数据关系函数就是用来处理空间数据的空间位置关系的，具体函数如表 11-7 所示。

表 11-7 空间数据关系函数

函数名称	描述
st_area	计算空间数据的面积
st_centroid	获取空间数据的中心点
st_closestPoint	获取两个空间对象的最近点
st_contains	是否为空间包含关系
st_covers	是否为空间覆盖关系
st_crosses	是否为空间交叉关系
st_difference	两个空间对象是否不一样
st_disjoint	是否为空间相离关系
st_distance	两个空间对象之间的距离
st_distanceSphere	两个空间对象之间的球面距离
st_equals	是否为相等关系
st_intersection	两个空间对象的交集

函数名称	描述
st_intersects	是否为相交关系
st_length	空间数据的长度
st_lengthSphere	空间数据的球面长度
st_overlaps	是否为空间被覆盖关系
st_touches	是否为接触关系
st_within	是否为被包含关系

11.3.6 空间数据处理函数

空间数据的处理也是非常重要的，GeoMesa 通过 UDF 提供了一些空间数据处理的能力，具体函数如表 11-8 所示。

表 11-8 空间数据处理函数

函数名称	描述
st_antimeridianSafeGeom	反子午线分析，将经纬度数据规约在正常的经纬度范围内
st_bufferPoint	获取以一个点为中心的缓冲区
st_convexHull	计算凸包

11.4 本章小结

本章主要介绍的是 GeoMesa 如何利用 Spark 来支持大规模的时空数据的分布式计算。本章从 3 个方面来进行介绍，首先对 Spark 和 Spark SQL 及其功能进行了介绍，然后对 GeoMesa 如何接入 Spark 及其各个模块进行了介绍，最后对 GeoMesa 当前基于 Spark SQL 支持的空间数据计算函数进行了介绍，在深度和广度上都对其分布式计算能力进行了展开。分布式计算能力应该说在当今的时空数据发展背景下，是非常重要的，读者也可以结合自身的业务场景，对相关的代码进行扩展。本章也介绍了一点关于 Sedona 的内容，它是一个非常成熟的时空数据分布式计算框架，读者可以将 Sedona 和 GeoMesa Spark 结合起来使用，取长补短，解决遇到的具体业务问题。

第 12 章

操作时遇到的若干问题

GeoMesa 作为一款开源的时空数据管理组件，在用户使用过程中，不可避免地会出现一些问题，可能是因为用户使用不当，也可能是其本身的逻辑有局限，还可能是外部依赖的第三方组件有问题。这些问题大体上集中在查询、写入和统计分析方面。本章选取了一些典型问题进行分析，希望能够帮助读者更好地理解和使用 GeoMesa。

12.1 GeoMesa 写入数据时出现的问题

由于 GeoMesa 处理的是海量的时空数据，因此在写入数据时会面临数据量过大以及记录过大的问题。本节挑选出其中比较有代表性的两个问题来进行分析。

- Region 繁忙的问题。

- 数据记录过大的问题。

12.1.1 Region 繁忙的问题

当海量数据通过 GeoMesa 和 Spark 向 HBase 中写入时，会出现 RegionTooBusyException 的异常，如代码清单 12-1 所示。

代码清单 12-1　Region 繁忙异常

```
04:18:07,110  INFO LoadIncrementalHFiles:451 -
    Trying to load
    hfile=hdfs://xxxx:xxxx/tmp/bulkLoadDirectory/PO_S_rowBufferHFile/Hexa/_tmp/PO_
    S,9.
    bottom first=<http://XXX/dc/elements/1.1/title>,
    "emulates drylot births"
    ^^<http://XXX/2001/XMLSchema#string> last=<http://xxx/dc/e$
     org.apache.hadoop.hbase.client.RetriesExhaustedException: Failed after
attempts=10, exceptions:
```

```
Sun Oct 20 04:15:50 CEST 2013,
org.apache.hadoop.hbase.mapreduce.LoadIncrementalHFiles$3@4cfdfc98,
org.apache.hadoop.hbase.RegionTooBusyException:
org.apache.hadoop.hbase.RegionTooBusyException: failed to get a lock in 60000ms
      at org.apache.hadoop.hbase.regionserver.HRegion.lock(HRegion.java:5778)
      at org.apache.hadoop.hbase.regionserver.HRegion.lock(HRegion.java:5764)
      at
org.apache.hadoop.hbase.regionserver.HRegion.startBulkRegionOperation(HRegion.java:5723)
      at
org.apache.hadoop.hbase.regionserver.HRegion.bulkLoadHFiles(HRegion.java:3534)
      at
org.apache.hadoop.hbase.regionserver.HRegion.bulkLoadHFiles(HRegion.java:3517)
      at
org.apache.hadoop.hbase.regionserver.HRegionServer.bulkLoadHFiles(HRegionServer.java:2
793)
      at sun.reflect.GeneratedMethodAccessor14.invoke(Unknown Source)
       at
sun.reflect.DelegatingMethodAccessorImpl.invoke(DelegatingMethodAccessorImpl.java:25)
```

接下来我们先了解异常抛出的直接原因，然后对这个现象进行深入分析，最终给出相应的解决方案。

1. 直接原因

从异常信息上来看，这个问题是 Region 过于繁忙而导致的。

HBase 架构如图 12-1 所示。HBase 数据存储是以 Region 为单位的，在写入数据时，数据会先放入内存，也就是 MemStore 中，然后刷写到磁盘，也就是 HFile 中。

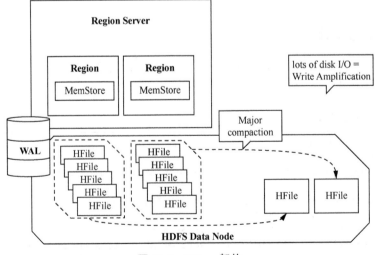

图 12-1 HBase 架构

由于将数据写入内存的速度比写入磁盘的速度快得多,因此这个时候就容易出现内存阻塞问题,类似于一个非常熟悉的小学问题:一个蓄水池,里面有放水的水管,有加水的水管,加水更快一些,池子里的水早晚会溢出来。而在 HBase 里, MemStore 就是这样的"蓄水池",它的写入速度和刷写数据的速度会影响 HBase 整体的写入性能,如果写入速度过快,而刷写到磁盘的速度比较慢,就会出现前面提到的问题。

当然 HBase 本身是有解决方案的,就是使用 BulkLoad 操作。但是我们回头看 GeoMesa 的源码就会发现, GeoMesa 在利用 Spark 进行写入操作时,并没有使用官方推荐的批量写的方式。具体的实现逻辑,我们可以在 HBaseIndexAdapter 中看到,如代码清单 12-2 所示。

代码清单 12-2　写入数据函数

```scala
override protected def write(feature: WritableFeature,
values: Array[RowKeyValue[_]], update: Boolean): Unit = {
  if (update) {
    flush()
    Thread.sleep(1)
  }

  val ttl = if (expiration != null) {
    val t = expiration.expires(feature.feature) - System.currentTimeMillis
    if (t > 0) {
      t
    }
    else {
      logger.warn("Feature is already past its TTL; not added to database")
      return
    }
  } else {
    0L
  }

  i = 0
  while (i < values.length) {
    val mutator = mutators(i)
    values(i) match {
      case kv: SingleRowKeyValue[_] =>
        kv.values.foreach { value =>
          val put = new Put(kv.row)
          put.addImmutable(value.cf, value.cq, value.value)
          if (!value.vis.isEmpty) {
            put.setCellVisibility(
new CellVisibility(new String(value.vis,
StandardCharsets.UTF_8)))
          }
          put.setDurability(durability)
          if (ttl > 0) put.setTTL(ttl)
          mutator.mutate(put)
```

```
      }

    case mkv: MultiRowKeyValue[_] =>
      mkv.rows.foreach { row =>
        mkv.values.foreach { value =>
          val put = new Put(row)
          put.addImmutable(value.cf, value.cq, value.value)
          if (!value.vis.isEmpty) {
            put.setCellVisibility(
new CellVisibility(new String(value.vis,
StandardCharsets.UTF_8)))
          }
          put.setDurability(durability)
          if (ttl > 0) put.setTTL(ttl)
          mutator.mutate(put)
        }
      }
    }
    i += 1
  }
}
```

我们可以看到，GeoMesa 在向 HBase 写入数据时，仍然是逐条写入的，自然就会出现这样的问题，即"加水管太粗，而放水管太细"。

2. 深入分析

通过上述比较浅层的分析，我们已经找到了核心的问题。但是想要解决这个问题并没有那么简单。我们需要回头看一看整个流程的架构。

我们通过 GeoMesa 将数据进行初步的处理，然后就交给了 Spark，Spark 再通过分布式写入的方式将这些数据写到 HBase 当中。其中涉及 3 个组件：GeoMesa、Spark、HBase。

GeoMesa 作为一个索引工具包，一般不会出现什么问题，但是它内部的参数会影响底层 Spark 和 HBase 的执行方式。其中核心的是 GeoMesa 的预分区功能，它会影响到底层 HBase 中对应表的 Region 数据，很大程度上会影响到该表的读写性能。

Spark 所面临的问题就是短时间内会在内存中涌入大量的数据，一方面 Spark 的 Executor 心跳机制需要调整，因为数据量变多，很有可能会导致 Master 长期接收不到 Executor 的心跳信息，随之而来的就是 Spark 的网络超时时间也需要延长。

另一方面就是 Spark 内存方面的调整，Spark 的内存管理可以分为 4 个部分，如图 12-2 所示。Spark 1.6 以后的版本实行的是动态的内存管理，也就是 Storage 和 Execution 大小是动态的，因此我们就需要对这些内存空间进行控制，目的只有一个，就是使 Spark 能够在短时间内承载大量数据。我们可以通过 Spark 的相关配置，增大 Execution 的空间，缩小 Storage 的空间，因为我们并不需要缓存数据。

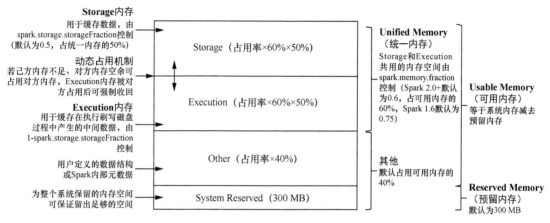

图 12-2　Spark 内存模型

底层是 HBase，由于它本身的设计机制问题，在数据写入过程当中，它可能会不断刷写磁盘。在这个过程中，底层文件数据可能会分裂、合并，因此会导致过多资源被占用的问题。我们可以从 MemStore 刷写和 HFile 的分裂与合并这两个角度来进行优化。

3. 解决方案

解决这个问题的方案主要从两个角度进行：调参和调整架构。

从调参的角度来看，在 GeoMesa 层面上，我们可以调整分区数量，如代码清单 12-3 所示。而且由于 GeoMesa 中对 ID 进行分区往往是不生效的，因此我们需要显式地指定不要 ID 索引，防止 ID 索引表给写入带来干扰。

代码清单 12-3　调整 GeoMesa 建表分区参数

```
"geomesa.z.splits"="50",
"geomesa.attr.splits"="50",
"geomesa.id.splits"="50",
"geomesa.indices.enabled"="z2,z3"
```

在 Spark 层面上，一方面我们可以提升心跳间隔时间和网络超时时间，另一方面我们可以提高 fraction 的阈值，降低系统内存占用的阈值，如代码清单 12-4 所示。

代码清单 12-4　调整 Spark 配置参数

```
spark.executor.heartbeatInterval=1800s
spark.network.timeout=2400s
spark.memory.storageFraction=0.2
spark.memory.fraction=0.85
```

```
spark.driver.memory=16g
spark.executor.memory=20g
spark.executor.instances=10
spark.executor.cores=4
spark.driver.cores=4
```

在 HBase 层面上，我们可以提高 MemStore 刷写的数据块大小，从"128M"调整为"256M"，降低 MemStore 刷写数据的频率；也可以提高每一个 HFile 的文件块大小，降低 HBase 底层 HFile 分裂与合并的频率；还可以对数据压缩的线程数量进行提升，保证如果出现数据压缩，我们可以有足够的线程来完成数据压缩，如代码清单 12-5 所示。

代码清单 12-5　调整 HBase 参数

```
hbase.hregion.memstore.flush.size=256M
hbase.hregion.memstore.block.multiplier=8
hbase.hregion.max.filesize=30G

hbase.hstore.blockingWaitTime=60000
hbase.regionserver.thread.compaction.large=10
hbase.regionserver.thread.compaction.small=20
hbase.hstore.flusher.count=5
```

如此，系统就可以满足上层写入的需求了。

如果从调整架构的角度来看，HBase 对 RowKey 的设计要求比较高，而且预分区也非常重要，实时在线的场景就不是很适合，因为我们很难精准预估数据的情况。因此 HBase 更适合用于归档存储。更好的存储方案应该是"冷热分离"，HBase 负责归档，上层有热数据存储，数据在两者之间可以流转，如图 12-3 所示。上层的热数据存储主要负责接收实时数据，定时或者定量进行数据统计，根据统计信息将数据刷写到 HBase 当中。

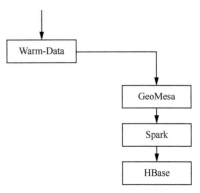

图 12-3　数据"冷热分离"架构

12.1.2　数据记录过大的问题

在使用 GeoMesa-HBase 时，用户在写入数据的过程中有可能会碰到如代码清单 12-6 所示的异常信息。

代码清单 12-6　数据记录过大异常信息

```
Error: java.lang.IllegalArgumentException: KeyValue size too large
    at org.apache.hadoop.hbase.client.HTable.validatePut(HTable.java:1567)
    ...
    at org.apache.hadoop.mapred.YarnChild.main(YarnChild.java:158)
```

从异常信息来看，这个异常是从 HBase 的客户端接口中抛出来的，其内容是 KeyValue 过大。出现这个异常的原因是 GeoMesa 在 HBase 底层是将一行数据作为一个 Cell 存储在 HBase 里面的。然而在时空数据场景下，单条数据可能会很大，例如多边形的数据，如果多边形被描绘得非常细致，那么单个多边形的数据量可能达到数百 MB。但是默认情况下，HBase 单个 Cell 的容量上限是 128 MB，就必然会抛出上述的异常。

如果抛出这样的异常，其解决方法比较简单，主要有以下 3 种。

第一种方法就是通过修改 HBase 的配置文件 hbase-default.xml，调大 hbase.client.keyvalue. maxsize 参数的值，如代码清单 12-7 所示。

代码清单 12-7　调整 HBase 中的 KeyValue 数值

```
<property>
    <name>hbase.client.keyvalue.maxsize</name>
    <value>20971520</value>
</property>
```

第二种方法就是在程序中显式地指定此配置，如代码清单 12-8 所示。

代码清单 12-8　通过代码配置 HBase 中的 KeyValue 数值

```
Configuration conf = HBaseConfiguration.create();
conf.set("hbase.client.keyvalue.maxsize","20971520");
```

第三种方法就是通过 HBase 的中等对象存储（Medium Object Storage，MOB）特性来解决单条数据量过大的问题。

由于本质上在 HBase 底层，键和值是放在一起存储的，因此这里的参数也配置的是 KeyValue 的最大容量。如果将键和值分开存储，用户查询过程中只与键进行交互，只有数据命中，才将值拉出来，那么管理效率会高很多。因此在高版本的 HBase 中，提出了 MOB 的机制来解决中等大小对象（100 KB～10 MB）的低延迟读写问题，如图 12-4 所示。

我们可以看到在传统 HBase 的 HRegion 之外，新增了从 OB Region。

在使用时，用户需要首先保证 HBase 底层的 HFile 的版本号为 3。这一点我们可以将 hbase-site.xml 中 hfile.format.version 属性值设置为 3 来实现，如代码清单 12-9 所示。

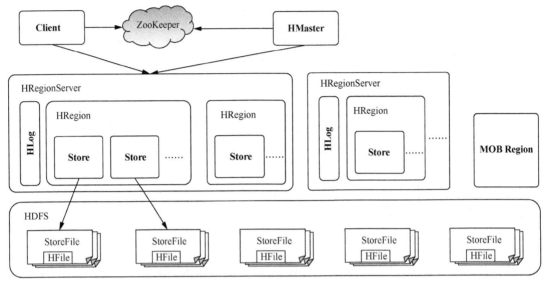

图 12-4 HBase MOB 机制架构

代码清单 12-9 配置 HFile 的版本

```
<property>
  <name>hfile.format.version</name>
  <value>3</value>
</property>
```

接下来就需要对 GeoMesa 表进行配置，由于先行版的 GeoMesa 对 MOB 特性并没有支持，因此用户需要通过 HBase 命令行将 GeoMesa 对应的 HBase 表修改为 MOB 模式的，如代码清单 12-10 所示。

代码清单 12-10 通过命令行指定 HBase 表为 MOB 模式

```
hbase> create 't1', {NAME => 'f1', IS_MOB => true, MOB_THRESHOLD => 102400}

hbase> alter 't1', {NAME => 'f1', IS_MOB => true, MOB_THRESHOLD => 102400}
```

这样就能够让 HBase 中的 MOB 特性启动了，当然 MOB 还有很多别的特性，关于这些技术细节，读者可以自行查阅 HBase 的相关文档，MOB 特性本身并不是本书重点，就不展开描述了。

12.2 GeoMesa 查询数据时出现的问题

在 GeoMesa 中，对时空数据的查询是非常重要的功能。在主干功能方面，GeoMesa 已经做得比较完善，不过在一些细节方面，可能还是有一些问题的，本节主要提取出其中比较有代表性的 3 个问题来介绍。

- 数据采样的问题。

- 数据分页的问题。

- 利用 Spark 查询 GeoMesa 时，无法设置返回数据量上限的问题。

12.2.1 数据采样的问题

在执行 GeoMesa 的数据采样操作时，我们发现，在采样率较低的情况下，我们获取的数据量与预期的数据量存在非常大的偏差。例如全量数据是 1000 条，当我们使用的采样率是 10% 时，预期能够获取 100 条左右的数据，但是最终可能只能获取 10 条左右的数据，而且这个现象是可以稳定复现的。

在查看 GeoMesa 源码时，发现获取过滤器的逻辑在 HBaseIndexAdapter 中，如代码清单 12-11 所示。

代码清单 12-11 GeoMesa 数据查询中获取过滤器的逻辑

```
lazy val filters = {
  val cqlFilter =
    if (ecql.isEmpty && transform.isEmpty && hints.getSampling.isEmpty) {
         Seq.empty
} else {
    Seq((CqlTransformFilter.Priority,
CqlTransformFilter(schema, strategy.index, ecql, transform, hints)))
    }
  val flts = (cqlFilter ++ indexFilter).sortBy(_._1).map(_._2)
  if (null != hints.get(QueryHints.SAMPLING)) {
flts :+ new RandomRowFilter(hints.get(QueryHints.SAMPLING).toString.toFloat)
} else flts
  }
```

其中在 CqlTransformFilter 中封装了一次采样的逻辑。这一点可以在 CqlTransformFilter 中验证，如代码清单 12-12 所示。

代码清单 12-12 CqlTransformFilter 内部构造逻辑

```
def apply(
    sft: SimpleFeatureType,
    index: GeoMesaFeatureIndex[_, _],
    filter: Option[Filter],
    transform: Option[(String, SimpleFeatureType)],
    hints: Hints): CqlTransformFilter = {
```

```
    if (filter.isEmpty && transform.isEmpty && hints.getSampling.isEmpty) {
        throw new IllegalArgumentException("The filter must have a predicate and/or
transform")
    }

    val feature =
  KryoFeatureSerializer(sft, SerializationOptions.withoutId)
    .getReusableFeature
    feature.setIdParser(index.getIdFromRow(_, _, _, null))
    transform.foreach { case (tdefs, tsft) => feature.setTransforms(tdefs, tsft) }

    val samplingOpts: Option[(Float, Option[String])] = hints.getSampling

    val delegate = (filter, transform, samplingOpts) match {
      case (None, None, Some(_))    =>
  new FilterDelegate(sft, index, feature, Filter.INCLUDE, samplingOpts)
      case (None, Some(_), Some(_)) =>
  new FilterTransformDelegate(sft, index, feature, Filter.INCLUDE, samplingOpts)
      case (Some(f), None , _)      =>
  new FilterDelegate(sft, index, feature, f, samplingOpts)
      case (Some(f), Some(_), _)    =>
  new FilterTransformDelegate(sft, index, feature, f, samplingOpts)
      case (None, Some(_), _)       =>
  new TransformDelegate(sft, index, feature, samplingOpts)
    }

    hints.getFilterCompatibility match {
      case None =>
  new CqlTransformFilter(delegate)
      case Some(FilterCompatibility.`2.3`) =>
  new JSimpleFeatureFilter(delegate)
      case Some(c) =>
  throw new NotImplementedError("Filter compatibility " +
  c + " is not implemented for this query")
    }
  }
```

GeoMesa 在 filt 变量中添加了 HBase 的采样过滤器 RandomRowFilter。RandomRowFilter 是 HBase 原生的采样接口,我们可以直接通过配置相关的采样率来控制返回的数据量。其内部是通过 Java 的 Random 类来实现采样的,这一点可以在其内部的 filterRowKey 方法中验证,如代码清单 12-13 所示。

代码清单 12-13　HBase 的采样过滤器逻辑

```
public boolean filterRowKey(Cell firstRowCell) {
    if (this.chance < 0.0F) {
        this.filterOutRow = true;
    } else if (this.chance > 1.0F) {
```

```
            this.filterOutRow = false;
        } else {
            this.filterOutRow = random.nextFloat() >= this.chance;
        }

        return this.filterOutRow;
    }
```

在实验过程中，我们发现调用 HBase 原生的 RandomRowFilter 是能够获得正常的数据曲线的。但是如果在 CqlTransformFilter 中配置采样率，那么返回的数据量会出现阶梯状的突变。而获取数据量与预期不一致的情况，则是这两个因素相互叠加的结果。

12.2.2　数据分页的问题

对于数据引擎来说，为了减少后端处理数据的数据量，往往会通过分页功能将全量的数据切分到不同的数据页，例如在 MySQL 中，就可以用 offset 关键字来进行分页操作。

在 GeoTools 里，Query 对象也提供了相关的接口，如代码清单 12-14 所示。

代码清单 12-14　GeoTools 中关于数据分页的配置

```
// 处理数据的偏移量
protected Integer startIndex = null;
```

但是 GeoMesa HBase 并没有对这个功能进行实现。

我们做了一个简单的测试，首先对一张包括 1000 条数据的表进行查询，通过 getQueryPlan 方法，我们可以看出，在底层，查询条件在与 HBase 进行交互时，会变成 4 个 Scan 对象。当然这个 Scan 对象的个数是与 GeoMesa 对数据表的分片策略相关的，还与 GeoMesa 的查询条件相关。

我们在使用代码清单 12-15 所示的 ECQL 语句进行查询时，最终会生成 11 个 Scan 对象。

代码清单 12-15　查询的 ECQL 语句

```
bbox(order_position, 116, 39, 117, 40)
```

HBase 有一个分页过滤器——PageFilter，能够实现分页操作。我们可以通过修改 GeoMesa 源码，将这个过滤器嵌入 GeoMesa 内部，即 HBaseIndexAdapter 中，相关逻辑可以查看第 6 章。

但是当我们执行查询操作时，通过获取查询计划，我们发现，GeoMesa 会将这个分页过滤器挂载到每一个 Scan 上面，每个 ScanPlan 的封装逻辑如代码清单 12-16 所示。

代码清单 12-16　ScanPlan 的封装逻辑

```
ScanPlan(
    Z2Index(order_position)[INCLUDE][None](Infinity),
    List(org.apache.hadoop.hbase.filter.MultiRowRangeFilter$RowRange@f2987),
    List(
        TableScan(just:1_1_119_z2_order_5fposition_v5,
        List(
            {
                "filter": "PageFilter 25",
                "startRow": "\\x01",
                "stopRow": "\\x02",
                "batch": -1,
                "cacheBlocks": true,
                "totalColumns": 1,
                "maxResultSize": "-1",
                "families": {
                    "d": ["ALL"]
                },
                "caching": -1,
                "maxVersions": 1,
                "timeRange": ["0", "9223372036854775807"]
            },{
                "filter": "PageFilter 25",
                "startRow": "",
                "stopRow": "\\x01",
                "batch": -1,
                "cacheBlocks": true,
                "totalColumns": 1,
                "maxResultSize": "-1",
                "families": {
                    "d": ["ALL"]
                },
                "caching": -1,
                "maxVersions": 1,
                "timeRange": ["0", "9223372036854775807"]
            }, {
                "filter": "PageFilter 25",
                "startRow": "\\x03",
                "stopRow": "",
                "batch": -1,
                "cacheBlocks": true,
                "totalColumns": 1,
                "maxResultSize": "-1",
                "families": {
                    "d": ["ALL"]
                },
                "caching": -1,
```

```
                "maxVersions": 1,
                "timeRange": ["0", "9223372036854775807"]
            }, {
                "filter": "PageFilter 25",
                "startRow": "\\x02",
                "stopRow": "\\x03",
                "batch": -1,
                "cacheBlocks": true,
                "totalColumns": 1,
                "maxResultSize": "-1",
                "families": {
                    "d": ["ALL"]
                },
                "caching": -1,
                "maxVersions": 1,
                "timeRange": ["0", "9223372036854775807"]
            }
        ))),
        org.locationtech.geomesa.hbase.data.HBaseIndexAdapter$HBaseResultsToFe
atures@50a4d1ae,
        None,
        None,
        None,
        None)
```

当我们将偏移量配置为 100 时，并没有将数据切分为 100 条，而是返回了 400 条数据。也就是说每一个 Scan 对象都单独进行了分页，最终将分页的结果汇总回来，这样显然是不可用的。如果涉及空间范围查询，这个细小的误差都会被放大，例如执行代码清单 12-15 给出的 ECQL 语句，它会在底层生成 11 个 Scan 对象。

那是不是可以将这些 Scan 对象所代表的条件合成为一个呢？HBase 提供了 FilterList 的接口来实现这种假设，但是会有两个问题。首先，这种不同过滤条件混合进行 scan 的方法，会在很大程度上影响 HBase 读取数据的性能。其次，FilterList 支持的逻辑关系要么是 AND 的关系，要么是 OR 的关系，而我们这里，空间查询的 scan 明显是 OR 的关系，与其他过滤器的关系是 AND 的关系，可能会发生逻辑问题。

GeoMesa 还针对 Region 的分布做了细节优化，它希望根据各个 Region 中数据的分布对查询条件进行切分，具体逻辑如代码清单 12-17 所示。

代码清单 12-17　GeoMesa 表对 Region 中数据分布的细化逻辑

```
// 根据 Region Server 的分布来对扫描范围进行切分
val rangesPerTable: Seq[(TableName, collection.Map[String, java.util.List[RowRange]])] =
    tables.map(t => t -> groupRangesByRegion(t, ranges))

def createGroup(group: java.util.List[RowRange]): Scan = {
```

```scala
val scan =
  new Scan(group.get(0).getStartRow, group.get(group.size() - 1).getStopRow)
val mrrf =
  if (group.size() < 2) {
      filters
  } else {
      filters.+:(new MultiRowRangeFilter(group))
  }
scan.setFilter(
    if (mrrf.lengthCompare(1) > 0) {
        new FilterList(mrrf: _*)
    } else mrrf.headOption.orNull)
scan.addFamily(colFamily).setCacheBlocks(cacheBlocks)
cacheSize.foreach(scan.setCaching)

// 赋予权限
ds.applySecurity(scan)

scan
}


rangesPerTable.map {
    case (table, rangesPerRegion) =>
        val maxRangesPerGroup = {
            def calcMax(maxPerGroup: Int, threads: Int): Int = {
                val totalRanges = rangesPerRegion.values.map(_.size).sum
                math.min(maxPerGroup,
                    math.max(1, math.ceil(totalRanges.toDouble / threads).toInt))
            }

            if (coprocessor) {
                calcMax(ds.config.coprocessors.maxRangesPerExtendedScan,
                    ds.config.coprocessors.threads)
            } else {
                calcMax(ds.config.queries.maxRangesPerExtendedScan,
                    ds.config.queries.threads)
            }
        }

        val groupedScans = Seq.newBuilder[Scan]

        rangesPerRegion.foreach {
            case (_, list) =>
                // 由于当前的扫描范围没有互相覆盖，因此只是对其进行了排序，而没有合并
                Collections.sort(list)

                var i = 0
                while (i < list.size()) {
                    val groupSize = math.min(maxRangesPerGroup, list.size() - i)
                    groupedScans += createGroup(list.subList(i, i + groupSize))
                    i += groupSize
                }
```

```
    }

    // 对查询范围进行"洗牌"，否则不同线程会同时命中相同的 Region
    TableScan(table, Random.shuffle(groupedScans.result))
}
```

其中的 createGroup 方法，显然是对扫描范围进行了分组，所有条件都会被收录在 groupedScans 中。这样，一方面将每个线程内的扫描范围参数化，另一方面也实现了不同 Region 边界的对齐。这两方面的方法对通常的查询来说是很好的优化，但是对于分页来说，就不是很友好了。

因此到目前为止，使用 HBase 原生接口来解决分页问题的思路已经"堵死"了。

12.2.3 利用 Spark 查询 GeoMesa 时，无法设置返回数据量上限的问题

在进行海量时空数据操作时，经常会有数据采样的功能，类似于 MySQL 当中的 limit 操作。在利用 GeoMesa 进行数据操作时，有以下两种操作方式。

● 基于 GeoMesaFeatureReader 的单机版迭代器机制。

● 基于 GeoMesaSpark 的分布式数据读取机制。

两种方式都需要传入一个核心参数：Query 对象。这个 Query 对象提供了很多查询相关的配置信息，其构造方法如代码清单 12-18 所示。其中，maxFeatures 参数其实就是用来配置类似于 limit 的操作的，它可以配置此次查询的最大操作数量。

代码清单 12-18 GeoTools 中的查询对象构造函数

```
/**
 * Query 构造方法
 *
 * @param typeName SimpleFeatureType 的名称
 * @param filter ECQL 中的 Filter 对象
 * @param maxFeatures 最大返回条数
 * @param propNames 获取的属性名称
 * @param handle 与查询相关的其他参数
 */
public Query(
        String typeName,
        Filter filter,
        int maxFeatures,
        String[] propNames,
        String handle) {
    this(typeName, null, filter, maxFeatures, propNames, handle);
}
```

1. 问题

我们在进行调试的过程当中，分别对两种操作方式都进行了测试，发现在调用 GeoMesaSpark 接口时，最大返回条数这个参数并未生效。

在单机版查询（GeoMesaFeatureReader）时，我们配置了最大回传条数，如代码清单 12-19 所示。

代码清单 12-19　构造 Query 对象

```
// 构造 Query 对象
val query =
    new Query("order_table", ECQL.toFilter("INCLUDE"),
        Array("order_position", "order_time", "attr5"))

            // 配置最大回传条数
            query.setMaxFeatures(10)
```

最终的返回结果是正确的，最终返回的数据集只有 10 条数据，输出结果如代码清单 12-20 所示。

代码清单 12-20　单机方式查询结果

```
TOTAL = 10
```

在分布式版本查询（GeoMesaSpark）时，我们同样配置了最大回传条数，但是最后的结果是全量的数据（该表总共包含 3550000 条数据），查询结果如代码清单 12-21 所示。

代码清单 12-21　分布式方式查询结果

```
TOTAL = 3550000
```

2. 分析

GeoMesa Spark SQL 的整体调用逻辑如代码清单 12-22 所示。

代码清单 12-22　GeoMesa Spark SQL 的调用链条

```
graph TB;
  Spark-SQL-->GeoMesaSpark-->Iterator-->HBase
```

上层是 Spark SQL 的优化器，用于将 SQL 语句解析成语法树并优化。需要特别指出的是，Spark SQL 的优化器能够实现 limit 的算子层面的优化操作，即能够将 limit 算子从上层的 RDD 下推到下层的 RDD，但是无法将其推至存储层。因此 GeoMesaSpark SQL 依然是以

Spark Core 的调用流程为主的。

　　底层利用 GeoMesaSpark 的接口来与下层的数据交互，比如基于 HBase 的 SpatialRDDProvider（当前 GeoMesa Spark 只实现了这一种 SpatialRDDProvider，即 HBaseSpatialRDDProvider）。GeoMesa 会封装一个迭代器，用来执行数据的获取操作。

　　因此从整体角度来看，最终调用数据的仍然是 Spark SQL，GeoMesaSpark 的作用仅仅是进行取数的操作。我们找到了 Spark SQL 进行取数的接口，在 org.apache.spark.sql.execution 包下面的 SparkPlan 类当中，存在一个 executeTake 方法，如代码清单 12-23 所示。

代码清单 12-23　executeTake 方法

```
/**
 * 运行这个方法会返回当前 Array 中的前 n 行数据
 */
def executeTake(n: Int): Array[InternalRow] = {
  if (n == 0) {
    return new Array[InternalRow](0)
  }
  val childRDD = getByteArrayRdd(n).map(_._2)
  val buf = new ArrayBuffer[InternalRow]
  val totalParts = childRDD.partitions.length
  var partsScanned = 0
  while (buf.size < n && partsScanned < totalParts) {
    // 在当前迭代过程中，操作的分区数量
    var numPartsToTry = 1L
    if (partsScanned > 0) {
      // 如果我们没有在前一个迭代里面找到数据，就重试
      val limitScaleUpFactor =
        Math.max(sqlContext.conf.limitScaleUpFactor, 2)
      if (buf.isEmpty) {
        numPartsToTry = partsScanned * limitScaleUpFactor
      } else {
        val left = n - buf.size
        // 如果剩余的个数大于 0，就需要继续取数，需要尝试的 partition 的个数大于 1
        numPartsToTry =
            Math.ceil(1.5 * left * partsScanned / buf.size).toInt
        numPartsToTry =
            Math.min(numPartsToTry, partsScanned * limitScaleUpFactor)
      }
    }
    val p =
        partsScanned.until(math.min(partsScanned + numPartsToTry, totalParts).toInt)
    val sc = sqlContext.sparkContext
    val res = sc.runJob(childRDD,
      (it: Iterator[Array[Byte]]) =>
        if (it.hasNext) it.next() else Array.empty[Byte], p)
    buf ++= res.flatMap(decodeUnsafeRows)
    partsScanned += p.size
```

```
  }
  if (buf.size > n) {
    buf.take(n).toArray
  } else {
    buf.toArray
  }
}
```

从这个方法中可以看出，如果进行 limit 操作，就会在 partition 层面进行取数的控制，如果当前 partition 中的数据量少于 n，就会启用下一轮的迭代过程。

在后续的实验过程中，我们同样能够得出相应的结论，在断点检查过程当中，也确实走进了这个方法，此处的 n 就是我们在 SQL 语句的 limit 子句中写入的那个数据量。

3. 结论

GeoMesaSpark 的设计理念是与 Spark SQL 相关联的，因此其对于 maxFeatures 的设计也是基于 Spark SQL 的 limit 下推机制来设计的。

GeoMesaSpark 的使命仅仅是数据的导出，对于数据的细节处理是有所缺失的。

在实践过程当中，由于 HBase 与 Spark 存在一层数据传输，因此 GeoMesaSpark 性能往往会很低。

针对 limit 这种具体操作（一般情况下回传的数据量比较小），建议使用单机版来进行数据的操作。

4. 测试代码

单机版查询测试如代码清单 12-24 所示。

代码清单 12-24　单机版查询测试代码

```
val params = new util.HashMap[String, String]
try {
  //创建 DataStore
  params.put("hbase.catalog", "default")
  params.put("hbase.zookeepers",
              "hadoop01:2181,hadoop02:2181,hadoop03:2181")
  val datastore = DataStoreFinder.getDataStore(params)

  // 构造 Query 对象
  val query = new Query(
    "order_table",
    ECQL.toFilter("INCLUDE"),
    Array("order_position", "order_time", "attr5"))
  // 配置最大回传条数
  query.setMaxFeatures(10)
```

```
  // 获取读数迭代器
  val reader =
    datastore.getFeatureReader(query, Transaction.AUTO_COMMIT)
  // 数据输出
  val accumulator = new AtomicInteger()
  while (reader.hasNext) {
    val simpleFeature = reader.next()
    println(simpleFeature.toString)
    accumulator.addAndGet(1)
  }
  println(s"TOTAL = $accumulator")
  reader.close()
} catch {
  case e: Exception => e.printStackTrace()
}
```

分布式版本查询测试代码如代码清单 12-25 所示。

代码清单 12-25　分布式版本查询测试代码

```
val sparkSession = SparkSessionCreator.create(true)
try {
  val dsParams: Map[String, Serializable] = Map(
    "hbase.zookeepers" -> "hadoop01:2181,hadoop02:2181,hadoop03:2181",
    "hbase.catalog" -> "default"
  )
  val dsParams1: Map[String, String] = Map(
    "hbase.zookeepers" -> "hadoop01:2181,hadoop02:2181,hadoop03:2181",
    "hbase.catalog" -> "default"
  )

  // 构造 Query 对象
  val query = new Query(
    "order_table",
    ECQL.toFilter("INCLUDE"),
    Array("order_position", "order_time", "attr5"))
  // 配置最大回传条数
  query.setMaxFeatures(10)

  val rdd = GeoMesaSpark(dsParams.asJava)
    .rdd(sparkSession.sparkContext.hadoopConfiguration,
      sparkSession.sparkContext, dsParams1, query)
  println(s"TOTAL = ${rdd.count()}")

} catch {
  case e: Exception => e.printStackTrace()
}
```

12.2.4　查询时数据不一致的问题

这个问题是我们在进行 GeoMesa 的版本升级时发现的，其表现是当我们配置了最大返回条数时，GeoMesa 的数据返回结果不一致。例如当 GeoMesa 中有 100 万条数据时，如果我们将 Query 对象中的 maxFeatures 配置为 10，那么每次都会返回 10 条数据，但是这 10 条数据总是不同的。

这个问题只在高版本（3.x 版本）中出现，在低版本（2.x 版本）中并没有出现，后者每次返回的结果都是相同的。通过对源码的分析，我们发现这个问题本质上是数据获取机制的问题，在 2.x 版本中，GeoMesa 是能够保证客户端按顺序获取数据的，但是在 3.x 版本中，为了提高数据获取的并行度，GeoMesa 采用了乱序获取的方式。接下来我们通过源码来对这个问题进行介绍。

1. GeoMesa 3.x 中数据获取的机制

基于前面对查询过程的介绍，我们知道了 GeoMesa 查询时的整体流程。

在解释数据不一致的问题时，我们需要关注的细节在于 GeoMesa 构造 HBaseBatchScan 时配置的参数，如代码清单 12-26 所示，其中的 threads 参数其实是用来指定读数据并行度的。

代码清单 12-26　HBaseBatchScan 的 apply 方法

```scala
def apply(connection: Connection,
    table: TableName,
    ranges: Seq[Scan],
    threads: Int): CloseableIterator[Result] =
  new HBaseBatchScan(connection.getTable(table),
    ranges, threads, BufferSize).start()
```

查询线程数量的具体解释在 GeoMesaDataStoreFactory 伴生对象中，如代码清单 12-27 所示。在这里我们看到，源码中其实已经解释得比较清楚，它就是用来指定每次查询要启动的线程数量的。

代码清单 12-27　QueryThreadsParam 参数

```scala
val QueryThreadsParam =
  new GeoMesaParam[Integer]("geomesa.query.threads",
    "The number of threads to use per query", //每次查询使用的线程数量
    default = Int.box(8),
    deprecatedKeys = Seq("queryThreads", "accumulo.queryThreads"))
```

这个参数的定义逻辑，我们需要到 HBaseBatchScan 的抽象父类 AbstractBatchScan 中才

能看到。在 AbstractBatchScan 的成员变量的定义中，我们可以看到其中的逻辑，如代码清单 12-28 所示。

代码清单 12-28　AbstractBatchScan 的成员变量定义

```
abstract class AbstractBatchScan[T, R <: AnyRef](ranges: Seq[T],
    threads: Int, buffer: Int, sentinel: R)
    extends CloseableIterator[R] {

  import scala.collection.JavaConverters._

  require(threads > 0, "Thread count must be greater than 0")

  private val inQueue = new ConcurrentLinkedQueue(ranges.asJava)
  private val outQueue = new LinkedBlockingQueue[R](buffer)

  private val latch = new CountDownLatch(threads)
  private val terminator = new Terminator()
  private val pool = Executors.newFixedThreadPool(threads + 1)

  private var retrieved: R = _
```

我们可以看到，代码中定义了一个输入队列、一个输出队列、一个 latch 对象以及一个 pool 对象，latch 和 pool 对象是与线程数量有关的。其中 pool 对象可以看作线程池，而 latch 对象可以看作计数器。

在查线程启动时，会提交一些单线程的 Scan 对象到 pool 这个线程池中，如代码清单 12-29 所示。

代码清单 12-29　TableScan 启动函数

```
protected def start(): CloseableIterator[R] = {
  var i = 0
  while (i < threads) {
    pool.submit(new SingleThreadScan())
    i += 1
  }
  pool.submit(terminator)
  pool.shutdown()
  this
}
```

而真正执行查询时，需要看 GeoMesa 注册的单个线程的 Scan 对象内部的执行逻辑，如代码清单 12-30 所示。我们可以看到 SingleThreadScan 实现了 Runnable 接口，采用的是标准的 JVM 多线程实现方式。其中的 run 方法是真正运行的内容，scan 方法才是真正与底层数据存储交互的逻辑，而获取的数据会添加到两个队列中缓存起来。由于不同线程的执行是乱序的，因此最终获取的数据也是乱序的。

代码清单 12-30 GeoMesa 3.x 中 SingleThreadScan 内部执行逻辑

```scala
private class SingleThreadScan extends Runnable {
  override def run(): Unit = {
    try {
      var range = inQueue.poll()

      while (range != null) {
        val result = scan(range)
        try {
          while (result.hasNext) {
            val r = result.next
            while (!outQueue.offer(r, 100, TimeUnit.MILLISECONDS)) {
              if (closed) {
                return
              }
            }
          }
        } finally {
          result.close()
        }
        range = inQueue.poll()
      }
    } catch {
      case NonFatal(e) =>
        AbstractBatchScan.this.synchronized {
          if (error == null) { error = e } else { error.addSuppressed(e) }
        }
        close()
    } finally {
      latch.countDown()
    }
  }
}
```

2. GeoMesa 2.x 中数据获取的机制

在 GeoMesa 2.x 中，相关的逻辑也是在 SingleThreadScan 中的，相比之下，这里的逻辑其实比较简单，与 scan 方法交互的就是 outQueue，是可以保证查询结果一致性的，如代码清单 12-31 所示。

代码清单 12-31 GeoMesa 2.x 中 SingleThreadScan 内部执行逻辑

```scala
private class SingleThreadScan extends Runnable {
  override def run(): Unit = {
    try {
      var range = inQueue.poll()
```

```
    while (range != null && !Thread.currentThread().isInterrupted) {
      scan(range, outQueue)
      range = inQueue.poll()
    }
  } finally {
    latch.countDown()
  }
}
}
```

12.3　GeoMesa 分析统计时出现的问题

我们在调用 GeoMesa 原生的统计信息时，其数据集的空间分布如图 12-5 所示。我们配置了一个很小的查询范围，希望能够统计出这个范围内的数据个数，GeoMesa 原生接口返回的结果是 540 条，正常情况下，在这个空间范围内确实应该有 540 条数据。但是当我们进一步用这个很小的查询范围在这张表里面进行查询时，发现没有数据，说明统计信息和真实的数据并没有对齐，因此我们开展了下面的探究。

我们使用的是一份有 1000 条数据的数据集，如图 12-5 所示。

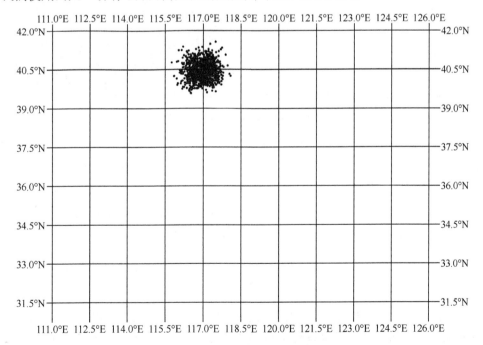

图 12-5　数据集的空间分布

我们可以通过 GeoMesa 直接获取数据集的统计信息，我们也对这些统计信息所代表的格子信息进行了绘制，如图 12-6 所示，每一个小格子都是一个统计窗口。我们可以发现以下几个问题。

- 这些统计信息是跟空间填充曲线相关的，可以明显看出它内部的空间突变。

- 这些统计信息覆盖了全球大部分区域。

- 这些统计信息没有覆盖全球所有区域。

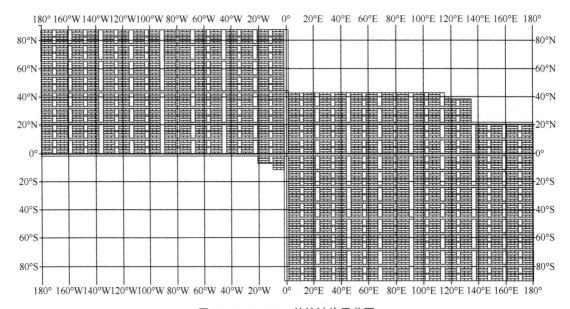

图 12-6　GeoMesa 的统计格子范围

我们将测试数据集展示出来，发现只占了这个全量统计信息很小的一部分。为了更好地展示统计格子和数据集的关系，我们将这些数据叠加起来进行展示，如图 12-7 所示。当我们进行空间查询时，我们的查询框是左下的浅灰色框，但是我们发现它调用 getCount 来获取统计信息时，它真正的查询框是图 12-8 所示的大框，远远超出了当前数据的范围。很明显，这个查询统计信息的返回时远远大于我们需要的查询范围。

现在我们开始寻找这个有 540 条数据的统计信息是哪个统计窗口内部的。但是这个框与我们的查询框并不重合，而且与我们真实的数据也是存在巨大偏差的。

那会不会是别的地方的统计信息呢？我们的推断是不会。因为数据总量是 1000 条，其他窗口的统计信息加起来最多也只有 460 条数据，不会出现 540 条数据，因此可以确定 GeoMesa 在进行空间信息统计时，使用的就是这个狭长区域的查询范围的统计信息。

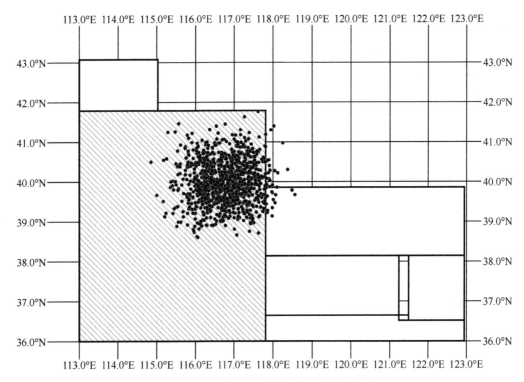

图 12-7　统计格子与数据集的空间叠加示意

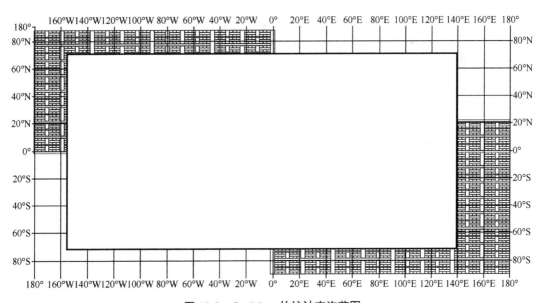

图 12-8　GeoMesa 的统计查询范围

我们开始查看 GeoMesa 统计相关的源码，GeoMesa 关于空间信息统计的逻辑在

Histogram 类的 observe 方法中，如代码清单 12-32 所示。

代码清单 12-32　observe 方法

```scala
override def observe(sf: SimpleFeature): Unit = {
  val value = sf.getAttribute(i)
  if (value != null) {
    try {
      val i = bins.indexOf(value.asInstanceOf[T])
      if (i == -1) {
        bins = Histogram.expandBins(value.asInstanceOf[T], bins)
        bins.add(value.asInstanceOf[T])
      } else {
        bins.counts(i) += 1
      }
    } catch {
      case e: Exception => logger.warn(s"Error observing value '$value': ${e.toString}")
    }
  }
}
```

我们可以看出，GeoMesa 的统计信息是由一个字节数组来维护的。该数组存在一个初始长度，对于空间数据来说，默认的字节数组长度是 10000，也就形成了一个桶的结构。

当我们观测一个新的要素对象时，我们会在这个字节数组中寻找这个要素的索引。如果这个索引在这些桶的范围内，我们就会直接将要素的统计信息添加到 BIns 中。如果不在这个桶的范围内，说明我们需要对桶的范围进行重新调整。

在 GeoMesa 中，这个调整的过程是数组动态扩展的过程，如代码清单 12-33 所示。

代码清单 12-33　copyInto 方法

```scala
def copyInto[T](to: BinnedArray[T], from: BinnedArray[T]): Unit = {
  def toIndex(value: T): Int = {
    val i = to.indexOf(value)
    if (i != -1) i else if (to.isBelow(value)) 0 else to.length - 1
  }

  var i = 0
  while (i < from.length) {
    val count = from.counts(i)
    if (count > 0) {
      val (min, max) = from.bounds(i)
      val lo = toIndex(min)
      val hi = toIndex(max)
      if (lo == hi) {
        to.counts(lo) += count
      } else {
```

```
            val size = hi - lo + 1
            require(size > 0,
              s"Error calculating bounds for ${min.getClass.getSimpleName} from
${from.bounds} to ${to.bounds}")
            val avgCount = count / size
            val remainingCount = count % size
            val mid = lo + (size / 2)
            var j = lo
            while (j <= hi) {
              to.counts(j) += avgCount
              j += 1
            }
            to.counts(mid) += remainingCount
          }
        }
        i += 1
      }
    }
```

这里我们会对数据本身的权值进行计算，然后确定分桶。

分桶策略是基于数值的，也就是说根据索引值的数值范围来进行分桶。GeoMesa 是根据 Z2 索引的空间填充曲线来进行数值转换的，但是 Z2 索引本身会有很大的数据突变问题，这一点在图 12-6 中也能够看得出来。此外，这种分裂方式很可能会导致分桶的变形，而且这个问题也确实出现了。

因此这个空间信息统计功能可能并不能很好地反映空间数据的分布，我们在使用数据统计功能时，仍然需要根据具体的使用场景来进行一些调整。

12.4 本章小结

GeoMesa 本身是一个功能强大的开源组件，它具有很多功能，但也会有一些瑕疵。本章主要从写入数据、查询数据以及分析统计这 3 个方面，介绍在使用 GeoMesa 过程中可能出现的一些问题，有一些是 GeoMesa 本身机制设计的问题，有一些是使用的问题，还有一些是无法解决的问题。希望本章的内容可以帮助读者在使用 GeoMesa 过程中，更好地利用其特性满足自己的项目需求，同时加深对这个组件的理解。

参考文献

[1] Morton G M. A computer oriented geodetic data base and a new technique in file sequencing[J]. physics of plasmas, 1966.

[2] Hilbert D. Dritter Band: Analysis Grundlagen der Mathematik· Physik Verschiedenes: Nebst Einer Lebensgeschichte[M]. Springer-Verlag, 2013.

[3] Bohm C, Klump G, Kriegel H P. XZ-Ordering: A Space-Filling Curve for Objects with Spatial Extension[C]// 6th International Symposium on Spatial Databases (SSD 99). Springer-Verlag, 1999.

[4] Li R, He H , Wang R, et al. JUST: JD Urban Spatio-Temporal Data Engine[C]// 2020 IEEE 36th International Conference on Data Engineering (ICDE). IEEE, 2020.

[5] Li R, He H, Wang R, et al. TrajMesa: A Distributed NoSQL-Based Trajectory Data Management System[J]. IEEE Transactions on Knowledge and Data Engineering, 2021, PP(99):1-1.